国家卫生健康委员会“十三五”规划教材
全国高等职业教育教材

供放射治疗技术专业用

放射生物学

主　编　姚　原

副主编　张光贵　巩合义

编　者（以姓氏笔画为序）

王宗霞　包头医学院
龙　剑　南昌大学第五附属医院
巩合义　山东省肿瘤医院
曲宝林　中国人民解放军总医院
汪　洋　复旦大学附属华山医院
张　瑜　贵州省人民医院
张光贵　四川中医药高等专科学校
陈　勇　中山大学附属第一医院
陈德玉　江苏大学附属医院
林少民　海南省肿瘤医院
祝淑钗　河北医科大学第四医院
姚　原　上海交通大学医学院附属第九人民医院
高　伟　同济大学附属第四人民医院
梁世雄　广西医科大学附属肿瘤医院

人民卫生出版社

图书在版编目（CIP）数据

放射生物学/姚原主编. —北京：人民卫生出版社,2020

ISBN 978-7-117-29288-7

Ⅰ.①放… Ⅱ.①姚… Ⅲ.①放射生物学-医学院校-教材 Ⅳ.①Q691

中国版本图书馆 CIP 数据核字(2019)第 254217 号

放射生物学

主　　编：姚　原
出版发行：人民卫生出版社(中继线 010-59780011)
地　　址：北京市朝阳区潘家园南里 19 号
邮　　编：100021
E - mail：pmph @ pmph. com
购书热线：010-59787592　010-59787584　010-65264830
印　　刷：北京铭成印刷有限公司
经　　销：新华书店
开　　本：850×1168　1/16　**印张：**8　**插页：**8
字　　数：253 千字
版　　次：2020 年 5 月第 1 版　2025 年 7 月第 1 版第 3 次印刷
标准书号：ISBN 978-7-117-29288-7
定　　价：32. 00 元
打击盗版举报电话：010-59787491　E-mail：WQ @ pmph. com
质量问题联系电话：010-59787234　E-mail：zhiliang @ pmph. com

修订说明

为深入贯彻党的二十大精神及全国教育大会精神，落实《国家职业教育改革实施方案》对高等卫生职业教育改革发展的新要求，服务新时期经济社会发展和“健康中国”战略的实施，人民卫生出版社经过充分的调研论证，组织成立了全国高等职业教育医学影像技术、放射治疗技术专业教育教材建设评审委员会，启动了医学影像技术、放射治疗技术专业规划教材第四轮修订。

全国高等职业教育医学影像技术专业规划教材第一轮共8种于2002年出版，第二轮共10种于2010年出版，第三轮共11种于2014年出版。本次修订结合《普通高等学校高等职业教育（专科）专业目录（2015年）》新增放射治疗技术专业人才培养的迫切需要，在全国卫生行指委及相关专指委、分委会的全程指导和全面参与下，以最新版专业教学标准为依据，经过全国高等职业教育医学影像技术、放射治疗技术专业教育教材建设评审委员会广泛、深入、全面地分析与论证，确定了本轮修订的基本原则。

1. 统筹两个专业　根据医学影像技术、放射治疗技术专业人才培养需要，构建各自相对独立的教材体系。由于两个专业的关联性较强，部分教材设置为专业优选或共选教材，在教材适用专业中注明。

2. 对接岗位需要　对接两个专业岗位特点，全面贴近工作过程。本轮修订对课程体系作了较大调整，将《医学影像成像原理》《医学影像检查技术》调整为《X线摄影检查技术》《CT检查技术》《MRI检查技术》，将《超声诊断学》《核医学》调整为《超声检查技术》《核医学检查技术》，并根据医学影像技术、放射治疗技术专业特点编写了相应的《临床医学概要》。

3. 融合数字内容　本轮修订充分对接两个专业工作过程与就业岗位需要，工作原理、设备结构、操作流程、图像采集处理及识读等岗位核心知识与技能，通过精心组织与设计的图片、动画、视频、微课等给予直观形象的展示，以随文二维码的形式融入教材，拓展了知识与技能培养的手段和方法。

本套教材共18种，为国家卫生健康委员会“十三五”规划教材，供全国高等职业教育医学影像技术、放射治疗技术专业选用。

教材目录

序号	教材名称	版次	适用专业	配套教材
1	影像电子学基础	第4版	医学影像技术、放射治疗技术	√
2	临床医学概要		医学影像技术、放射治疗技术	
3	医学影像解剖学	第2版	医学影像技术、放射治疗技术	√
4	医学影像设备学	第4版	医学影像技术、放射治疗技术	√
5	X线摄影检查技术		医学影像技术	√
6	CT检查技术		医学影像技术	√
7	MRI检查技术		医学影像技术	√
8	超声检查技术		医学影像技术	√
9	核医学检查技术		医学影像技术	
10	介入放射学基础	第3版	医学影像技术	√
11	医学影像诊断学	第4版	医学影像技术、放射治疗技术	√
12	放射物理与防护	第4版	医学影像技术、放射治疗技术	
13	放射生物学		放射治疗技术	
14	放射治疗设备学		放射治疗技术	√
15	医学影像技术		放射治疗技术	√
16	临床肿瘤学		放射治疗技术	
17	放射治疗技术	第4版	放射治疗技术、医学影像技术	√
18	放射治疗计划学		放射治疗技术	√

第二届全国高等职业教育医学影像技术、放射治疗技术专业教育教材建设评审委员会名单

主任委员

舒德峰　周进祝

副主任委员

付海鸿　李宝生　王鹏程　余建明　吕国荣

秘书长

李　萌　窦天舒

委　　员（以姓氏笔画为序）

韦中国　邓小武　田　野　刘媛媛　齐春华　李迅茹
李真林　辛　春　张卫萍　张晓康　张景云　陈　凝
陈　懿　罗天蔚　孟　祥　翁绳和　唐陶富　崔军胜
傅小龙　廖伟雄　樊先茂　濮宏积

秘　　书

裴中惠

数字内容编者名单

主　编　陈德玉

副主编　陈　勇　高　伟

编　者（以姓氏笔画为序）

丁继平　上海交通大学医学院附属第九人民医院
邓志强　江西省抚州市第一人民医院
付佳美　同济大学附属肺科医院
刘　波　包头市中心医院
苏玉婷　江苏大学附属医院
李　娟　河北医科大学第四医院
吴　刚　海南省人民医院
何　洋　四川中医药高等专科学校
何莎莎　中山大学附属第一医院
陈　勇　中山大学附属第一医院
陈德玉　江苏大学附属医院
姚志峰　南京医科大学第二附属医院
高　伟　同济大学附属第四人民医院
唐　菲　贵州省人民医院
蔡博宁　中国人民解放军总医院

主编简介与寄语

姚原，主任医师，上海交通大学医学院附属第九人民医院肿瘤放射治疗科主任、上海医学会肿瘤放射治疗专科分会委员、SBRT 学组委员及肿瘤学分会胸部肿瘤组委员、中国康复医学会修复重建外科专业委员会瘢痕学组委员、上海市抗癌协会放射治疗专业委员会委员、上海市医师协会肿瘤放疗科医师分会委员等。主要专业方向：实体肿瘤放化疗、肿瘤精准放疗。

1990 年毕业于上海第二医科大学，并获上海交通大学医学院硕士学位及第二军医大学博士学位。曾任上海交通大学附属新华医院放疗科及肿瘤科主任医师。2011 年任上海交通大学医学院附属第三人民医院肿瘤放疗科主任，2016 年任上海交通大学医学院附属第九人民医院放疗科主任。三次到美国进修学习肿瘤放射治疗，有丰富的临床经验。担任《放射治疗技术》（第 3 版）（国家卫生和计划生育委员会“十二五”规划教材）主编，参与编写《儿童实体肿瘤诊疗指南》《儿童肿瘤诊断治疗学》等 4 本专著。以第一作者或通讯作者发表核心期刊论文 15 篇和 SCI 论文 6 篇。

寄语：

放射生物学是肿瘤放射治疗的灵魂学科，是一门比较难以理解、掌握的专业课程。我一直想编写一本入门级《放射生物学》的教科书献给有志于从事放射治疗工作的同学们，来启迪你们智慧的心灵，为你们将来的职业生涯增添一份想象的空间。

前 言

本教材是为放射治疗技术专业教育而编写，在编写过程中全面落实党的二十大精神，紧紧围绕这一教育目标，坚持职业教育要与行业、岗位对接，与职业标准对接，与临床过程对接，与执业标准、执业准入对接，与终身教育对接；并根据近年来临床肿瘤放射治疗及临床放射生物学的发展情况，时刻以放射治疗技师的角度来看待问题，力争充分体现本教材的科学性、先进性、启发性和实用性。

本教材分为三部分内容：第一部分（总论）概述放射生物学的历史发展及放射生物学的基本原理和概念；第二部分（第二至五章）阐述放射生物学的基本理论；第三部分（第六至十章）描述放射生物学在临床放射治疗各方面的应用。

本教材的编写过程基于两个指导原则：知识内容深入浅出，便于高职生理解和掌握；知识点全面对接专业技术资格考试的内容，便于高职生学习和在职技师将其作为岗位参考书来进一步学习提高。在编写内容上，紧贴目前我国放射治疗的临床实际情况，对临床上常用的相关放疗技术和治疗方案背后的放射生物学原理进行了详细的阐释。放射生物学是肿瘤放射治疗的三大基础学科之一，对肿瘤放射治疗具有指导意义。新时代的放疗技师不但需要会做，还要理解为什么这样做，这样才能把好放射治疗的最后一道质控关，这也是编写本教材的初衷。由于本教材是第 1 版，在编写中对教材的难易程度比较难于把握，盼望广大师生在使用本教材的过程中提出宝贵意见，便于再版时能够改进不足，使本教材在各方面都更加合理和完善。本教材也适合从事放射治疗的临床医师、物理师及技师作为参考书使用。

在本教材的编写过程中，我们参阅了许多近年来国内外出版的相关权威专著和文献。在此对这些书籍的编著者表示崇高的敬意和诚恳的感谢！同时，也对本书编者的同事、领导和家人对我们的支持和帮助表示衷心的感谢！

鉴于我们编写工作的经验和水平有限，加之编写时间又较为仓促，故本教材在各方面还存在有许多不妥之处，敬请广大师生在使用过程中给予批评和指正！

教学大纲
（参考）

姚 原

2023 年 10 月

目录

第一章 总论

学习目标

1. 掌握:放射生物学在肿瘤放疗中的指导作用;射线吸收的理化基础。
2. 熟悉:放射生物学的“4R”基本概念;细胞的放射敏感性与乏氧;“生物剂量”等效换算。
3. 了解:放射线的发现历史,放射生物学的发展历史与未来展望。

第一节 放射生物学的发展历史

一、放射生物学的形成与发展

(一) 放射线及放射性物质的发现

1895 年德国物理学家威廉 · 康拉德 · 伦琴(Wilhelm Conrad Röntgen)发现了 X 线,并拍摄了第一张活体射线成像照片。1896 年法国物理学家安东尼 · 亨利 · 贝克勒尔(Antoine Henri Becquerel)通过铀盐使底片感光,从而发现了铀化合物具有放射性,随后 1898 年法国物理学家皮埃尔 · 居里(Pierre Curie)与其夫人玛丽亚 · 居里(Maria Curie)发现并分离了放射性物质钋和镭。

(二) 放射生物效应的发现

随着放射线的发现,很快有科学家展开了放射线对生物体生物效应的研究,贝克勒尔最早观察到放射性物质镭对皮肤的损伤表现,随后皮埃尔 · 居里(Pierre Curie)在自己的手臂上重复了这个试验,他记录了皮肤溃疡的出现和治愈过程。

从这些早期发现开始,生物效应的研究也拉开了序幕,相关学者先后提出了放射敏感性、分次放射治疗、DNA 及细胞的损伤修复、肿瘤乏氧细胞以及再增殖等概念,而且随着分子生物学技术的不断发展,放射生物学的研究已经从放射生物学逐渐发展到分子放射生物学,研究方向也从细胞周期、细胞凋亡、DNA 损伤与修复、乏氧相关研究,逐渐拓展到干预介导及影响上述生物过程的相关通路,联合化疗及分子靶向治疗等综合治疗的相关机制。

二、临床放射生物学的形成与发展

(一) 临床放射生物学的历史

1906 年 Tribndeau 基于照射大鼠睾丸的效应实验,提出了一条基本的放射生物学法则,即有丝分裂活动越旺盛及形态上分化级别越低的组织细胞对放射线照射就越敏感,而且敏感性存在正比关系。

20 世纪 40 年代后期,人们系统地开展了放射生物学的研究。1953 年英国著名的 Gray 研究所发现了放射中氧效应的问题,阐明了乏氧环境的存在具有增加细胞放射抵抗能力的作用。不久,英国的

笔记

另一位著名放射生物学家 Adams 便提出了著名的“亲电子”理论，这一理论极大地促进了放射增敏剂和放射防护剂研究领域内工作的开展。1955 年 Thomlison 和 Gray 报告了对肺癌组织学的研究，更加微观地阐明了组织的供血和供氧条件对肿瘤的生物学行为的影响。他们认为在实体瘤内部可能含有一定数量的乏氧细胞，推断这可能是放疗失败的原因所在。

1956 年 Puck 和 Marcus 利用单个哺乳类细胞增殖为集落的能力，发展了与检测细菌存活率相似的接种技术，绘制出了历史上第一条离体细胞存活率曲线，即增加照射剂量就会使细胞损伤的百分比增加，存活概率下降。离体细胞培养技术的建立，使放射生物学的研究进入了量化阶段，并在此基础上发现了细胞杀灭比例与放射线剂量之间的函数关系——细胞生存曲线，这一数学模型与放射生物学效应相结合的研究方法已成为现代放射生物学研究的标准模式，并对该门学科的发展产生了深远的影响。

1964 年 Tubiana 提出肿瘤细胞在细胞动力学周期中可处于静止状态或增殖状态，简单的研究方法就是将^{3}H 标记的胸腺嘧啶与瘤细胞放在一起培养，观测^{3}H-胸腺嘧啶结合到细胞周期中的数量，即通过“标记指数”来确认。1965 年 Ellis 提出标称标准剂量（nominal standard dose，NSD）概念。1973 年 Orton 提出简便可行的时间-剂量-分割次数（time-dose-fraction，TDF）体系，把“部分耐受剂量”的概念引入到 NSD 的体系中，使之更加具体和切实可行。

20 世纪 70 年代以英国学者 Steel 为代表的一批放射生物学家，利用放射性核素标记特别是肿瘤细胞动力学技术，开展了一系列细胞动力学的放射生物学研究，使人们在细胞水平对放射生物效应的动态过程有了开拓性的认识。最终 Withers 系统地提出了放射治疗中需要考虑的生物学因素，建立了放射生物学的“4R”概念，即放射损伤的再修复（Repair）、肿瘤细胞的再增殖（Repopulation）、乏氧细胞的再氧合（Reoxygenation）和细胞周期的再分布（Redistribution），“4R”概念至今仍是指导临床放射生物学研究的基础。同时，以英国 Gray 研究所 Fowler 等为代表的放射生物学家们开展了放疗时间、剂量、分割方式相互关系的研究，提出了著名的 LQ 模式，这一理论直接推动了非常规分割放射治疗技术的开展。

1974 年 Adams 等先后报告了甲硝唑（metronidazole）和米索硝唑（misonidazole，MISO）可以作为放射增敏剂，能够提高临床放射治疗的疗效。至 1977 年底，放射治疗协会（radiation therapy oncology group，RTOG）已将 MISO 用于数以千计临床病例的治疗，并于 1979 年在 Key-Biscayne 召开了首届国际放射增敏研讨会。

（二）临床放射生物学的发展

20 世纪 80 年代，放射生物学家致力于研究细胞内在的放射敏感性的差别问题，Steel 据此提出第 5 个“R”，即放射敏感性（Radiosensitivity）的概念，由于认识到了细胞内在的放射敏感性现象，人们又开展了放射敏感性预测的课题并取得了一系列的成果，为放疗的个体化打下了基础。20 世纪 80 年代末以来，人们的兴趣主要集中在放射生物效应的基因控制以及基因表达与放射敏感性的关系等问题上，显然这与近年来分子生物学的发展是分不开的。1982 年分离出第一个癌基因 ras，1986 年美国三个实验室分别独立克隆了 Rb 基因，自此肿瘤生物学的研究便进入了分子生物学时代。

近 20 多年来，分子生物学的发展为肿瘤放射治疗提供了分子水平的理论依据，而放射治疗技术也正日益渗入到基因靶向治疗中去。因此，如何有机地将基因靶向治疗与放射治疗结合起来，优势互补以克服各自面临的难点或薄弱环节，已成为放射治疗和肿瘤基因靶向治疗新的研究方向之一。肿瘤基因治疗与放射治疗相结合有着广泛的基础，并已显示出良好的应用前景，据此 Weichselbaum 等提出了“基因放射疗法”（gene-radiotherapy）这一新的概念。

（三）放射生物学的研究内容和目的

放射生物学是从不同层次研究放射线对生物体的影响，包括其中所发生的生物学效应以及其影响因素。而临床放射生物学作为其分支，则主要聚焦于肿瘤和正常组织的放射生物学问题以及过程中的潜在机制，目的是提高放射治疗的疗效，并将放射治疗对正常组织的副作用降低到最低。

临床放射生物学是放射治疗的三大基本支柱（肿瘤学、放射物理学和临床放射生物学）之一，是放射治疗学的“灵魂”，为放射治疗学的发展提供理论基础和指导，通过不同放射治疗策略的验证研究，设计出个体化放射方案。

知识拓展

肿瘤放射治疗合作组

肿瘤放射治疗合作组(radiation therapy oncology group,RTOG)是美国国家癌症研究所资助的一个专门研究肿瘤放射治疗中遇到的各种问题的组织。该组织成立于1968年,主要发起了许多临床的多中心研究,通过研究制定了500多项关于肿瘤放射治疗的协议,其中最著名的有:放射治疗毒性分级标准、正常组织和器官的放射限量、放疗肿瘤靶区的限定、正常组织的勾画标准等。

第二节 放射生物学的基本理论

一、射线吸收的理化基础

(一)射线的分类

放射治疗中最常见的射线为电子线、X射线和γ射线。根据线性能量传递(linear energy transfer,LET)高低,可分为低LET射线和高LET射线,常见的低LET射线为X射线和γ射线,高LET射线包括快中子、质子、负π介子、重离子等。

(二)射线质、相对生物效应、氧增强比

1. 线性能量传递 指单位长度轨迹上沉积能量的均值,用于描述射线的品质。

2. 相对生物效应(relative biologic effectiveness,RBE) 一般以250kV X射线为标准,引起某一生物效应所需剂量与所观察的射线引起同一生物效应所需剂量的比值。用于比较不同射线的生物效应。不同射线相对生物效应:X射线、γ射线、β粒子为1,热中子、中能中子、快中子分别为3、5~8、10,α粒子为10,重反冲核为20。

3. 氧增强比(oxygen enhancement ratio,OER) 乏氧与有氧情况下照射时产生相同生物效应所需剂量之比。用于比较不同射线氧效应的大小。

4. 三者之间的关联 高LET射线的相对生物效应高,氧增强比低(接近于1),低LET射线相对生物效应低,氧增强比高。

(三)自由基

自由基(free radical)指在原子核外层轨道上含有未配对电子的原子、分子、离子或原子团,如羟自由基(OH·)、氢自由基(H·)等。另外,氧在生物体内的氧化过程中也产生一些氧代谢产物或衍生物的含氧物质——活性氧,包括以下几类:①氧的单电子还原物,如超氧化物阴离子O_2^-·和过氧阴离子O^-·,以及氢过氧基HO_2·和OH·;②氧的双电子还原物过氧化氢H_2O_2;③烷烃过氧化物ROOH及其均裂产物烷氧自由基RO·、烷过氧自由基ROO·;④处于激发态的氧、单线态氧和羟基化合物等,O_2^-·、H_2O_2、OH·在生物体内最活跃,其程度依次为OH·>H_2O_2>O_2^-·,并可能对生物体产生损伤效应,这是射线间接作用的结果。

(四)射线生物效应的三个阶段

生物体受到射线作用后的生物效应主要源于对DNA的损伤,根据时间先后会经历三个阶段:物理、化学及生物过程。

1. 物理过程 是指带电粒子和组织细胞中的原子相互作用的过程,是射线对DNA直接的损伤,包括电离作用和激发作用。

射线照射到生物体后,主要与轨道电子相互作用,将组成细胞原子中的核外电子逐出轨道,称之为电离(ionization);或使生物体中的原子或分子内的电子跃迁到更高的能量水平,而不射出电子,称之为激发(excitation)。

电离可分为直接电离和间接电离,其中带电粒子射线属于直接电离,带电粒子,如电子、质子、重离子等,直接与原子的核外电子发生非弹性碰撞,并导致电离;而X射线和γ射线与物质相互作用时表现出的粒子性称为光子,为不带电粒子,将其全部或部分能量传递给核外电子,间接引发电离现象。

笔记

2. 化学过程 是指受损的原子和分子与其他细胞成分发生快速化学反应的过程。

射线作用于生物体后,主要引起水分子和生物大分子的电离和激发,导致生物体原子和分子受损,表现为化学键断裂和自由基形成。它们作用于关键的靶点比如DNA导致损害。

3. 生物过程 包括在物理和化学过程之后的所有过程,比如与残存化学作用的酶反应,期间大部分的DNA损伤会被修复,极少部分不能修复的损伤最终导致细胞死亡。

(五)射线的直接作用和间接作用

按照射线直接作用的靶点不同,可以分为直接作用和间接作用。

1. 直接作用 射线直接作用于生物体中的大分子,比如DNA,通过电离或激发,随后引发一系列生物化学反应,称之为直接作用。高LET射线以直接作用为主。

2. 间接作用 间接作用则是射线首先作用于细胞内的其他原子或分子,尤其是水分子,产生自由基,自由基扩散到生物体其他部位,进而导致生物体DNA的损伤过程。临床普遍应用的X射线和γ射线均属于低LET射线,以间接作用为主。X射线由间接作用产生生物效应的步骤为:①光子相互作用产生高能电子;②运动的高能电子穿过组织,与水分子作用产生自由基;③自由基可造成DNA因化学键断裂所引起的变化;④化学键变化导致生物效应。

二、放射生物学的“4R”概念

自从分次放射治疗的提出,人们对其生物学基础进行了不断深入研究,并总结为“4R”理论,包括细胞放射损伤的修复,细胞周期时相再分布,氧效应及乏氧细胞的再氧合,再增殖。放射生物学的“4R”概念不仅概括了细胞放射后的各种行为改变,也奠定了分次放射治疗的理论依据。

(一)细胞放射损伤的修复

1. 放射所致的细胞损伤 放射对生物体细胞作用最关键的靶点是DNA,根据对细胞DNA的损伤,可分为致死性损伤、亚致死性损伤及潜在致死性损伤:①致死性损伤(lethal damage,LD)是任何情况下都不能修复的细胞损伤;②亚致死性损伤(sublethal damage,SLD)主要是DNA单链断裂,放射后一定时间能完全修复;③潜在致死性损伤(potentially lethal damage,PLD)大多为DNA双链断裂,放射后在适当的环境和条件下可修复。也就是说,亚致死性损伤和潜在致死性损伤是可逆的。

2. 细胞放射损伤的修复 有学者实验发现当细胞受到放射作用后产生亚致死性损伤,若保持修复能力,3h内即能完成修复,后来其他学者通过不同的实验证实了分次放射过程中细胞存在亚致死性损伤的修复。生物体受到放射作用后,部分细胞表现为潜在致死性损伤,也就是说本应该死亡的细胞,在适宜的条件下,经过一段时间潜在致死性损伤能够被修复。

3. 影响亚致死性损伤和潜在致死性损伤修复的因素 ①射线的品质:高LET射线没有亚致死性损伤和潜在致死性损伤,以及相应的修复过程;②细胞氧合状态:乏氧细胞的修复能力相对差于氧合状态好的细胞;③细胞增殖能力:细胞增殖能力强的细胞修复能力相对较强。

(二)细胞周期时相再分布

1. 细胞周期与放射敏感性 哺乳动物细胞通过有丝分裂进行增殖产生子代细胞,两次有丝分裂之间的时间称为细胞周期,包括G_1、S、G_2、M期,处于不同细胞周期时相的细胞放射敏感性不同,处于G_2和M期的细胞对放射最敏感,而处于S期的细胞抵抗性强,有学者认为S期的条件有利于同源重组修复,故S期对放射最不敏感。研究发现给肿瘤局部加热到39~42℃,称之为热疗,会诱导处于S期的细胞产生染色体畸变,故S期对热疗最敏感。

2. 细胞周期时相再分布 放射性作用于哺乳动物后,处于放射敏感时相的细胞首先受到损伤并凋亡,随后处于放射抵抗时相的细胞会向放射敏感时相重新分布,这个现象有利于提高放射的杀伤作用。

(三)氧效应及乏氧细胞的再氧合

1. “氧固定假说” 当放射线作用于生物体时,会产生有高度活性的自由基。在有氧状态下,氧与自由基(R·)形成有机过氧基(RO_2·),并最终在靶分子中形成ROOH,而这个过程是不可逆的。在某种意义上,氧使放射损伤“固定”下来,称之为“氧固定假说”。

笔记

2. 氧效应 放射性和生物体的相互作用过程中,氧在其中所起的影响称为氧效应。氧增强比(oxygen enhancement ratio,OER)指乏氧与有氧情况下照射时产生相同生物效应所需剂量之比。OER

可用于比较不同射线氧效应的大小。

3. 乏氧细胞的再氧合 实体瘤生长需要通过血液运送的氧气和其他营养物质，肿瘤细胞就会分泌一些促进血管生成的物质来诱导血管新生，但肿瘤细胞生长迅速，当肿瘤生长到一定大小后肿瘤中细胞氧供不能得到满足，处于乏氧状态。由于氧能"固定"放射线对生物体的损伤，一次放射后，肿瘤中大部分氧合状态好的细胞被杀死，剩下的存活细胞主要是相对乏氧的，但一段时间后存活的细胞氧供逐渐改善，这个现象称为再氧合。随着分次照射的继续，再氧合过程不断进行，直至最后消灭肿瘤。

（四）再增殖

1. 再增殖 是指在放射治疗中，肿瘤组织受到放射作用后，肿瘤内存活的克隆源细胞会加速分裂增殖的现象。若总治疗时间延长，肿瘤的局部控制率会下降，再增殖是导致放射治疗失败的原因之一。

2. 再增殖与组织类型

（1）根据放射损伤发生的时间先后，正常组织可分为早反应组织和晚反应组织。早反应组织的特点是细胞更新很快，通过细胞增殖来维持细胞数量稳定，进而修复组织损伤，放射损伤表现较早。晚反应组织的特点是受照射后细胞更新很慢，放射损伤出现较晚。早反应组织包括皮肤、黏膜、小肠上皮细胞等，大部分肿瘤组织属于早反应组织。晚反应组织如肺、肾、脊髓、脑等组织。

（2）肿瘤组织是早反应组织，理论上为避免发生群体化现象，应该采用单次大剂量或大分割放射治疗，缩短治疗时间，以减弱甚至消除其细胞修复能力、修复速度和肿瘤干细胞的增殖对疗效的影响，提高肿瘤的局部控制率。但由于肿瘤内乏氧细胞的存在，大剂量或大分割放射治疗不能将其全部杀灭，而且周围有正常组织的存在和剂量限制，必须采用恰当的剂量和分割方式。

三、细胞的放射敏感性与乏氧

（一）肿瘤放射敏感性

肿瘤放射敏感性是指放射效应由肿瘤的组织类型、分化程度、大体类型、是否贫血、局部是否合并感染、生活指数等决定。根据肿瘤放射效应的不同，可以将肿瘤分为放射敏感、放射中度敏感及放射抵抗的肿瘤。

（1）放射敏感肿瘤：通常分化程度差，恶性程度高，容易发生远处转移。常见的放射敏感肿瘤有小细胞肺癌、淋巴瘤等，虽然局部病灶控制尚可，但易发生远处转移导致治疗失败。

（2）放射中度敏感的肿瘤：分化程度相对较高，恶性程度相对较低，远处转移相对较少。常见的放射中度敏感肿瘤有宫颈癌、头颈部鳞状上皮细胞癌等，由于有一定放射敏感性，且远处转移相对较少，放射治疗效果好。

（3）放射抵抗的肿瘤：一般认为软组织肉瘤及骨肉瘤的放疗敏感性差，临床治疗很少首先选择放疗。

（二）放射敏感性的主要影响因素

影响放射敏感性的四个主要影响因素为：肿瘤的固有敏感性，乏氧与否，乏氧克隆源细胞的比例大小及放射损伤修复等。

（三）肿瘤细胞乏氧

肿瘤细胞生长速度快，血供相对不足，或者是手术后血管被结扎，局部血供差，导致部分细胞处于乏氧状态。处于乏氧状态的肿瘤细胞受到放射作用后，所产生的生物效应相对较低，也就是说放射增敏性低，放射损伤小，肿瘤细胞乏氧是导致放射治疗失败的原因之一。

（四）肿瘤乏氧的干预措施

乏氧肿瘤细胞是导致放射抵抗的原因之一，很多学者提出改善肿瘤乏氧状态的方法，尝试减少乏氧导致的放射抵抗：①高压氧；②改善肿瘤局部的氧供；③乏氧细胞放射增敏剂。

第三节 放射生物学在肿瘤放疗中的指导作用

一、提供最基本的概念

放射生物学为分次放射治疗提供理论基础，确认放射线对肿瘤及正常组织作用后的反应过程及

笔记

作用机制。在本章第二节中总结为放射生物学的“4R”概念:①亚致死性损伤的修复;②周期内细胞的再分布;③肿瘤乏氧细胞及再氧合;④再增殖,这些均是影响分次放射治疗疗效的生物学因素。

二、提供基本的治疗策略

(一)肿瘤放疗中射线的选择

1. 放射线　可分为低 LET 射线和高 LET 射线,低 LET 射线包括光子(X 射线和 γ 射线)及电子线,高 LET 射线包括快中子、质子、负 π 介子、重离子等。目前临床上一般采用 X 射线应用于外照射,γ 射线应用于内照射,电子线仅用于位于皮肤浅表肿瘤的补充剂量照射。高 LET 射线没有亚致死性损伤和潜在致死性损伤,具有一定的生物学优势,可用于对于低 LET 射线抵抗的肿瘤。

2. 外照射与内照射

(1) 外照射:亦称远距离照射,射线源置于人体外,对准人体某一部位进行照射。

(2) 内照射:亦称近距离照射,将放射源密封放入被治疗的组织内或人体的天然腔内,如舌、鼻咽、食管、宫颈等部位进行直接照射,在实施技术上可分为腔内照射、管内照射、组织间植入及术中放疗等。内照射是外照射的补充治疗,但是对于部分肿瘤比如未手术的宫颈癌是必不可少的治疗。

(二)肿瘤放疗中分割方式的选择

1. 常规分割放射治疗　放射治疗的目的是在杀死肿瘤细胞和减少正常组织损伤之间获得合适的平衡点,临床放射治疗通常采取分次放射治疗,把一次放射总剂量分割成数次,利用分次放射治疗间的亚致死性损伤修复,以及正常组织干细胞的再增殖,把对正常组织的损伤降低到最低;同时利用分次放射治疗间肿瘤细胞的再氧合和再分布,加大对肿瘤组织的杀伤力。基于临床工作的需要和方便性,最常采用的分割方式是每次剂量 1.8~2.0Gy,每天一次,每周 5 次。

2. 非常规分割放射治疗　有学者考虑到不同组织(尤其是早反应组织及晚反应组织)的生物学效应不同,尝试了其他分割方式,以增加肿瘤组织放射生物学效应,并降低对正常组织的损伤。主要类型有:①超分割放射治疗(hyperfractionated radiation therapy);②加速分割放射治疗(accelerated fractionated radiation therapy);③还有其他的一些非常规分割放射治疗方式,但均在临床中应用甚少,大多用于临床研究。

(三)肿瘤放疗分次剂量的选择

1. 大分割立体定向放射治疗

(1) 常规分割放射治疗一般分次剂量为 1.8~2.0Gy,由于提高分次剂量能够很大程度地增加有效生物剂量,在正常组织限制剂量允许的范围内,可以提高分次剂量,在靶区内形成放射性摧毁。目前一般采用立体定向放射治疗(stereotactic radio-therapy,SRT)实现大分割放射治疗,不仅能缩短治疗时间,而且可以提高局部控制率。20 世纪 90 年代中期,SRT 开始应用于体部,称之为体部立体定向放射治疗(stereotactic body radio-therapy,SBRT),又称立体定向消融放疗(stereotactic ablative radio-therapy,SABR)。

(2) 由于单次放射剂量较大,杀伤力强,实施治疗时需要减少摆位误差,提高体位的重复性;要求尽量加上图像引导技术,以保证提高放射治疗的精确性,提高治疗效果,同时减少正常组织损伤。

知识拓展

医疗过剂量放射事故

2010 年 1 月 24 日,美国《纽约时报》公开报道了 2001—2008 年美国纽约州一些医院发生的放射治疗事故。调查总共发现并记录了 621 例事故,其中 133 例事故的根本原因是用于适形和调强的装置错误,其次是摆位等其他失误。284 例事故是由于照射靶区部分或全部偏离了目标靶区,甚至是照射部位完全弄错。一位 32 岁的乳腺癌病人接受了 27d 的过剂量照射,是处方剂量的 3 倍,原因是直线加速器少加了一个楔型板。由于放射损伤,该病人胸部的皮肤反复感染,伤口难以愈合,一年后癌症复发死亡。

笔记

2. 临床应用　目前应用于早期非小细胞肺癌、早期肝癌,以及脑、肺、肝、脊柱的转移瘤等。

三、提供规范化放射治疗

（一）临床放射治疗的历史

1896 年 1 月 29 日 Röntgen 发现 X 射线，在其后 20 多年的时间里，许多临床医生通过使用 X 射线发现它具有改变恶性细胞特性的能力，可以防止其蔓延和发展，并产生逆行性改变。有许多用 X 射线治疗恶性肿瘤的病例研究被发表。1922 年在巴黎召开的首届国际放射治疗会议上，Coutard 和 Hautant 报告了放射线治愈晚期喉癌的病例，且无严重并发症，肯定了放射线治疗恶性肿瘤的疗效。1924 年 Failla 首次倡导使用含有氡气的金属粒子永久性地植入深部肿瘤组织内，开始了正规的近距离放疗。1932 年由 Coutard 奠定的每日照射 1 次、每周照射 5d 的分割照射的方法学基础，至今仍被认为是外照射剂量分割的经典模式。1951 年加拿大生产了世界上第一台远距离^{60}钴治疗机，开始了深部肿瘤的远距离放疗，从而奠定了现代放射肿瘤学的基础和地位。

1951 年瑞典神经外科医生 Leksell 提出了立体定向放射外科（stereotaxic radio-surgery，SRS）的概念，1968 年他和他的助手 Larsson 等成功研制了世界首台颅脑 γ 刀；1985 年 Colombo 等将改进的医用直线加速器引入到 SRS 领域内，发明了颅脑 X 刀；1996 年瑞典的 Karolinska 医院成功研制了世界首台体部 X 刀。从此放射治疗学引入了立体定向技术，创立了立体定向放射治疗（stereotactic radio-therapy，SRT）的新技术体系。

20 世纪 70 年代，瑞典学者 Brahme 进一步提出了适形调强放射治疗（IMRT）的概念，20 世纪 90 年代起 3DCRT 和 IMRT 治疗技术在临床上得到大幅度的推广和应用，并逐步赶超了 SRT 技术。21 世纪初影像引导下放射治疗（IGRT）技术、体部立体定向放射治疗技术和旋转调强治疗（intensity modulated arc therapy，IMAT）开始在临床逐步开展起来。

（二）“生物等效剂量”的概念

从以上的临床治疗发展史来看，放射治疗的类型、设备和方法五花八门，想要把这些治疗的疗效统一起来、放在一起进行比较，这需要引进一个“生物等效剂量”（biological effective dose，*BED*）概念。生物等效剂量可以在不同射线、不同剂量和剂量率等中间进行统一和比较。

“生物剂量”等效换算：“生物剂量”反映了放射对生物体反应程度的大小，不同于“物理剂量”。在临床放射治疗中，“生物剂量”可用于制订一个合理的分次方案；用于不同分次剂量、分次数和总治疗时间方案的比较。当治疗期间改变治疗方案时，需要保证等同的总生物效应，“生物剂量”等效换算提供了计算方法。

（三）生物等效剂量的临床意义

在制订规范化的放射治疗方案时一定需要生物等效剂量来指导，临床应用时需要注意三点：①改变常规治疗计划时，需要保证等同生物效应所需的总剂量不变；②尽量合理设计分次方案；③比较不同分次剂量、分次数和总治疗时间的技术。这三点均需要应用到生物等效剂量。

第四节　放射生物学在未来放射治疗发展中的重要性

一、发展新技术

随着放射治疗技术的不断进步，临床工作人员已经开始尝试并逐渐开展对肿瘤的大分割放射治疗，以及同步加量照射。大分割立体定向放射治疗是指单次剂量高（大于常规放射治疗的 2Gy），分割次数少，总治疗时间缩短的治疗模式，主要优势是减少总治疗时间，提高局部控制率，主要应用于肺、脑部、肝和脊柱的肿瘤。国外有临床试验证实大分割立体定向放射治疗联合免疫治疗会产生远位效应（abscopal responses），也就是说放射治疗除了能够作用于局部照射的肿瘤组织外，还能对远处的转移肿瘤组织产生抑制作用。可见大分割放射治疗不仅能够缩短治疗时间、节约社会资源，而且治疗效果优于常规分割放射治疗，是未来放射治疗发展方向之一。

二、发展新设备

目前临床上肿瘤放射治疗普遍使用的放射线是低 LET 射线，而高 LET 射线表现出明显的生物（相

笔记

对生物效应高，氧增强比低）和物理优势（Bragg 峰），国内外已经有质子及重离子（如碳离子）的设备进入临床应用。但由于设备购买及维护成本高，国内仅少数治疗中心拥有相关设备，而且治疗费用高，大部分病人难以承受，很大程度地限制了其临床应用。相信随着设备研发技术的不断进步和人们经济水平的提高，质子及重离子治疗将会得到广泛的临床应用。

另外，肿瘤组织的大分割立体定向放射治疗技术在设备和技术上也有一定的要求，为了实现靶区的剂量描绘，需要对医用直线加速器、定位及计划系统进行不断地改善及更新，同时采用图像引导技术以保证放射治疗的精确性。

三、发展新药物

（一）DNA 修复抑制剂

放射生物学的“4R”概念提到肿瘤细胞 DNA 受到放射作用后，其亚致死性损伤和潜在致死性损伤是可修复的，在放射治疗同期使用 DNA 修复抑制剂可以增加放射治疗效果。有研究发现 DNA 损伤后，共济失调毛细血管扩张突变基因（ataxia telangiectasia-mutated gene，ATM gene）会被激活，进一步激活 DNA 损伤、修复传导通路，选择性抑制肿瘤细胞 ATM 激酶作用能够提高放射疗效。

（二）放射增敏剂

乏氧肿瘤细胞是放射抵抗的根源之一，临床上已经有相应的放射增敏剂投入使用，例如硝基咪唑类化合物，可以固定乏氧肿瘤细胞内的 DNA 损伤，抑制其 DNA 修复，从而提高肿瘤乏氧细胞放射敏感性。有研究发现，放射治疗之前预先应用抗血管生成治疗可以使畸形的肿瘤血管正常化，改善肿瘤细胞乏氧状况，最终提高肿瘤细胞的放射敏感性。很多抗血管生成药物例如我国自主研发的重组人血管内皮抑素，在与放射治疗联用过程中表现出明显的放射增敏作用。

（三）分子靶向药物

有研究发现，分子靶向药物联合放射治疗可以起到协同作用，例如表皮生长因子受体阻滞剂可以抑制多种肿瘤细胞增殖，从而增加肿瘤细胞的放射敏感性。例如在Ⅲ～Ⅳ期头颈部肿瘤的放疗期间同步应用尼妥珠单抗，可明显提高局部控制率，并降低远处转移率。

（四）免疫制剂

程序性死亡受体-1（programmed death-1，PD-1）药物能通过上调 PD-L1 表达，打破免疫逃逸，进而增加放射治疗对肿瘤的杀伤力。2015 年《柳叶刀》杂志上一篇论著也报道了免疫制剂与放疗联合的临床研究。该研究发现，放疗不仅是局部治疗，而且还能产生远位效应，即对远处转移的肿瘤组织产生抑制作用。粒细胞-巨噬细胞集落刺激因子是树突状细胞成熟的潜在激活剂，利用其促进炎症的特性，可诱导多种实体肿瘤发生远位效应，尤其是胸腺癌、乳腺癌和非小细胞肺癌。

本章小结

1. 常见的低 LET 射线为 X 射线和 γ 射线，高 LET 射线包括快中子、质子、负 π 介子、重离子等。

2. 放射线对生物体细胞作用最关键的靶点是 DNA。

3. 放射线对生物体的作用可以分为物理、化学、生物三个过程；按照放射线直接作用的靶点不同，可以分为直接作用和间接作用。高 LET 射线以直接作用为主，低 LET 射线则反之。

4. 分次放射治疗的理论基础，即放射生物学的“4R”概念，包括细胞放射损伤的修复，细胞周期时相再分布，氧效应及乏氧细胞的再氧合，再增殖。

5. 处于 G_2 和 M 期的细胞对放射最敏感，而处于 S 期的细胞对放射最不敏感，S 期对热疗最敏感。

6. 影响放射敏感性的四个主要因素为肿瘤的固有敏感性，乏氧与否，乏氧克隆源细胞的比例大小及放射损伤修复等。

7. 放射生物学对肿瘤放射治疗发展新技术、新设备和新药物有指导作用。

笔记

（陈德玉　姚原）

扫一扫，测一测

思考题

1. 简述放射线生物效应的三个阶段。
2. 简述放射生物学的“4R”概念。
3. 简述影响放射敏感性的四个主要因素。

笔记

第二章 正常细胞和组织的放射生物学

学习目标

1. 掌握：各种正常组织和器官的放射限量。

2. 熟悉：放射诱导的损伤与DNA损伤的反应；照射后细胞死亡的方式、时间和原因；正常组织对放射线的反应。

3. 了解：再程放疗。

第一节 放射诱导的损伤与DNA损伤的反应

一、电离辐射引起DNA损伤

电离辐射是指能引起被作用物质发生电离的射线，可分为电磁辐射(electromagnetic radiation)和粒子辐射(particulate radiation)两个大类。常用于肿瘤放射治疗的X射线和γ射线都是电磁辐射。电磁辐射实质上是电磁波，只有能量，没有静止质量。X射线和γ射线均由光子组成。医用X线通常由电子加速到高能，轰击钨靶而产生。γ射线来源于放射性核素的衰变。X射线和γ射线与物质相互作用，主要通过光电效应、康普顿效应和电子对效应3种方式转移能量。转移能量的方式取决于射线本身的能量和吸收介质的原子序数。

粒子辐射是指一些高速运动的粒子，既有能量，也有静止质量。主要的粒子辐射有α粒子、β粒子、质子、中子、负π介子和带电重离子。带电重离子是目前应用于肿瘤治疗较多的粒子辐射。比氦重的原子被剥掉或部分剥掉轨道电子后形成带正电荷的重离子。重离子一般具有高传能线密度和Bragg峰。

DNA是电离辐射的重要靶分子之一。电离辐射对DNA结构的影响是多方面的，其分解产物也多种多样，从碱基损伤到糖基破坏，所造成的后果是：DNA链断裂，DNA双螺旋结构中一条链断裂时，称为单链断裂(single strand broken, SSB)，两条互补链于同一处或相邻处同时断裂时，称为双链断裂(double strand broken, DSB)。

二、DNA损伤后反应

DNA交联及整个或部分高级结构的变化，最终影响其生物学功能。DNA是细胞生长、发育、繁殖和遗传的重要物质基础，它蕴藏着丰富的遗传信息，通过转录和翻译，指导着蛋白质和酶的生物合成，主宰着细胞的各种生理功能。辐射损伤后，DNA碱基的损伤或脱落改变了密码，引起基因的突变：①点突变(point mutation)，指DNA上单一碱基的变异。一个嘌呤被另一个嘌呤所取代或一个嘧啶被另一个嘧啶所取代称为转换(transition)；一个嘌呤被一个嘧啶所取代，或一个嘧啶被一个嘌呤所取代

笔记

称为颠换(transversion)。②缺失(deletion),指 DNA 链上一个或一段核苷酸的消失。③插入(insertion),指一个或一段核苷酸插入到 DNA 链中。在为蛋白质编码的序列中,如缺失或插入的核苷酸不是 3 的整倍数,则会发生读框移动(reading frame shift),使其后所有译读的氨基酸序列全部混乱,称为移码突变(frame shift mutation)。④倒位或转位(transposition),指 DNA 链重组使其中一段核苷酸链方向倒置,或从一处移到另一处。

三、DNA 损伤后归属

电离辐射可造成 DNA 结构和功能损伤。由此产生的一系列生物学后果,一方面取决于 DNA 的损伤程度,另一方面还取决于其修复能力。许多研究工作均证实了 DNA 辐射损伤后修复过程的存在。早在 1935 年,Hollaender 通过观察大肠埃希氏菌在紫外线照射后的存活情况,首次提出了修复的概念。根据早期的研究工作,修复现象大体上可分为两种情况。第一,将预定的照射剂量分次给予,生物效应则明显减轻。如用 X 射线分次照射中国仓鼠卵巢细胞,在 4.87Gy 照射后 37℃ 保温 10h,再照 5.05Gy,所得存活率明显高于 9.92Gy 单次照射,表明在两次照射间隔中细胞有所恢复。这种修复称作亚致死损伤修复(sublethal damage repair,SLDR)。第二,在照射后改变细胞所处的状态和环境,如延时接种、给予不良的营养和环境条件,均能提高存活率。例如:大肠埃希氏菌 B/r 在 X 射线照射后维持在 18℃,小鼠淋巴白血细胞在 X 线照射后以 34℃ 处理,然后再以正常需要的温度培养,其存活率都比照射后直接正常培养的明显提高。这种修复称作潜在致死损伤修复(potentially lethal damage repair,PLDR)。

1. DNA 损伤修复　通常观察到的修复现象有以下几种:单链断裂的修复、双链断裂的修复、碱基损伤的修复及 DNA 修复合成。

(1) DNA 单链断裂的修复:绝大多数正常细胞都能修复单链断裂。单链修复是以双螺旋结构中未受损伤的单链作模板而完成的,整个过程是受酶控制的。DNA 单链修复与时间呈指数关系,半修复期大致为 10~40min,一般在 1h 内 DNA 重接可达 90%左右,几乎都可以完全修复。

(2) DNA 双链断裂的修复:DNA 双链断裂修复也是由酶控制的,但这个修复过程要比单链断裂的修复复杂得多。哺乳动物细胞大多数都能进行此种修复,但需要适宜的代谢条件和时间。首先,双链断裂有相当一部分并未修复。其次,即使有大部分双链断裂被修复,但会有许多修复错误:如在重接时发生倒/易位重组,则导致染色体重排,细胞的突变频率也随之增加。由此可见,照射后细胞中 DNA 双链断裂的修复是一个关系到细胞最终转归的重要过程。

(3) 碱基损伤的修复:电离辐射造成的碱基损伤类型较多,分析比较困难。但应该指出的是:损伤的碱基虽然可被修复但只是部分修复,并非完全修复。

(4) DNA 修复合成:细胞受到电离辐射后,经过一段时间可以观察到一种 DNA 合成。这种合成不同于细胞增殖过程中的 DNA 复制,它的合成量相当低,合成于损伤后即刻开始,随时间延长而增加,但与细胞周期没有关系。经研究分析,确定这是一种修复合成,称之为 DNA 期外合成或程序外 DNA 合成(unscheduled DNA synthesis,UDS)。

2. DNA 损伤后未发生修复、修复不完全或者修复失败,则会发生基因突变。突变会对生物体产生 4 种后果:①致死性;②丧失某些功能;③改变基因型;④发生了有利于物种生存的结果,使物种得以适应环境。

知识拓展

辐射育种

具有很高能量和穿透力的射线照射种子之后,可以诱使细胞内的染色体损伤,使它的位置、结构和基因分子发生变化。辐射育种可提高农作物变异率几百倍甚至上千倍,但产生的变异十分随机,有益的基因变异仅是千分之三左右。基因突变导致生物体的特性发生变化,从中选择需要的可遗传优良变异,培育成新的优良品种。辐射育种已应用于青椒、玉米、黄瓜和花卉的育种中。

笔记

第二节　照射后细胞死亡的方式、时间和原因

一、细胞死亡的定义

从临床放射生物学的角度来看，判断一个细胞的“死”或“活”，与生理学上的死活是不一样的。要把一个细胞完全杀死，需要很大的放射剂量，一般需要 100Gy 以上剂量。一个细胞保持完整的增殖能力，可生长成肉眼可见的克隆细胞，这种细胞被称之为克隆源性细胞（clonogenic cell），即放射生物学上的活细胞。而一个形态完整的细胞，会具有很多生理功能，如制造蛋白质或合成各种酶和激素等，但只要它丧失了无限增殖的能力，从放射生物学的角度来看，它就是“死”细胞。一般几个 Gy 的照射剂量即可达到此目的。

二、细胞死亡的方式

传统放射生物学将细胞死亡分为两类：①间期死亡（interphase death），细胞受到大剂量照射后发生的分裂间期死亡，即在进行下一次有丝分裂前死亡。②有丝分裂死亡（mitotic death），指由于染色体损伤，细胞在试图进行有丝分裂时死亡。可发生在照射后第一次或几次分裂时，因此，它是一种增殖性死亡。当今放射生物学专家则把电离辐射致细胞死亡分为增殖死亡和细胞凋亡两种类型，并且认为射线诱导细胞凋亡具有高度的细胞类型依赖性。电离辐射作用后，造血和淋巴细胞快速以凋亡途径发生死亡。而大多数的肿瘤细胞则以细胞凋亡和增殖死亡两种途径发生死亡，在某些情况下，增殖死亡是辐射致肿瘤细胞死亡的唯一途径。

1. 增殖死亡　细胞的增殖死亡（proliferative death）发生于有分裂、增殖功能的细胞，又名代谢死亡或延缓死亡，即照射后细胞没有立即死亡，仍有生命活动相关的代谢过程（蛋白质与 DNA 合成等），并可能发生细胞分裂和增殖。按照受照射剂量的不同，细胞可分裂 1 次至数次，然后停止分裂，这种细胞死亡的标志是最终丧失继续增殖的功能，即生殖完整性（reproductive integrity）被破坏。有的细胞只是体积增大而不分裂，因此接受照射后，这类细胞在体外培养体系中不能形成集落（一般细胞分裂 5 次以上形成肉眼可见的圆形集落）或者在注入动物体内后不能形成结节，最终死亡。对于有分裂和增殖能力的细胞则根据细胞集落或结节的计数来判定其存活率。使细胞丧失增殖能力的平均致死剂量（mean lethal dose）一般在 2Gy 以内剂量就可以了，而要立即破坏非增殖细胞的功能则需高达 100Gy 以上的剂量。肿瘤由具有分裂和增殖功能的细胞组成，肿瘤放射治疗的目的在于使肿瘤细胞丧失增殖能力而最终被清除，故临床放射治疗的分次方案一般每次给予 2Gy 照射。

2. 细胞凋亡　细胞凋亡（apoptosis）的概念由 Kerr 于 1972 年首先提出，以区别于细胞坏死。凋亡一词来源于希腊语，原意为“脱落”，如脱发、落叶等。细胞凋亡是一种由基因主动导向的细胞消亡过程，属于一种普遍存在的生物学现象，在保持机体内稳态方面发挥了积极作用。细胞凋亡在胚胎发生时期的器官发育和退化、免疫和造血细胞的分化、选择以及正常和肿瘤细胞的更新等方面都有重要意义。在机体的生理过程中，由特定的信号启动下，凋亡相关基因有序地表达，主导着对整体无用或有害细胞的清除，因此这种生物学活动被命名为程序化细胞死亡（programmed cell death，PCD），亦可简称程控死亡。细胞凋亡和细胞增殖相互矛盾，互相协调，彼此消长，维护着机体的正常生长、发育与健康。

细胞凋亡不同于细胞坏死，其形态特征是胞体缩小，染色质浓缩成块状，并沿核膜聚积，形成许多固缩的核碎片，而细胞器与膜系保持完整，质膜出芽（或发泡），形成凋亡小体（被细胞膜包裹染色质碎片的小体）。可被周围细胞吞噬清除或排出管腔（如肠道）。细胞坏死的特征则是细胞器肿胀，膜系破坏，整个细胞崩解。由于以上的特征性区别，细胞凋亡不会引发周围组织的炎症反应，只是静悄悄地死去，就地被清除，保持了正常组织的完整性。

细胞凋亡的生化特征是染色质 DNA 裂解，裂解发生于核小体联接区。一个或数个核小体从 DNA 母链裂解形成小的片段（一般为 180 个碱基对或其整倍数）。这一过程受基因调控，是细胞的主动代谢反应，需要 RNA 和蛋白质的合成。

笔记

三、细胞死亡的时间和原因

DNA 是电离辐射致细胞死亡的靶分子。大量的证据表明，辐射诱导细胞死亡的敏感区位于细胞核而不是胞浆。用同位素钋的 α 粒子照射哺乳动物细胞，将贴壁生长在盖玻片上的 CHO 细胞进行单个细胞照射，将微针钋源置于距细胞一定的位置处，以保证细胞浆的大部分能够受到照射，而胞核不受照射，同时，当将钋置于细胞上方的适当位置时，使 α 粒子照射细胞核，而只有极少量的胞浆同时受照射。结果发现，当相当于 250Gy 以上剂量的大量 α 粒子照射胞浆时，细胞增殖不受影响，而当只有几个 α 粒子照射到胞核时，细胞即发生死亡。

电离辐射作用于生物体，导致细胞内 DNA 结构发生改变或细胞外物质的改变，最终导致染色体 DNA 的损伤。这种现象分为两种情况：①直接作用（direct action of radiation），高能 X 线、γ 射线或带电粒子作用于细胞内的 DNA 引发的一系列生物学改变；②间接作用（indirect action of radiation），射线作用于细胞内的其他原子或水，产生自由基后再作用于 DNA 导致细胞的损伤或死亡。

第三节　正常组织对射线反应

正常组织对放射的敏感性与下述因素有关：①构成这些正常组织的细胞对放射固有的放射敏感性，其中包括细胞的分化程度；②修复放射性损伤的能力，一般增殖慢或已失去增殖能力的细胞，它们的修复能力弱，如成年人的神经系统；③增殖的能力，一般增殖越快的组织，放射敏感性越高。

为了便于理解和进行生物剂量的等效换算，根据正常组织的不同生物学特性及对电离辐射的不同反应性，将正常组织分为早反应组织（early or acute responding tissue）和晚反应组织（slow or late responding tissue）。

一、正常组织对射线反应的剂量因素

正常组织和器官的放射耐受量是指病人在接受放射治疗期间或之后产生能被临床所接受的放射性损伤的剂量。正常组织和器官的放射耐受剂量与所在组织和器官的生物学特性、放射治疗体积、总剂量、分割剂量等因素有关。放射治疗所引起的不良反应包括全身反应和局部的放射性损伤。全身反应包括放射治疗期间所表现出的全身放射治疗反应和放射治疗后病人长期生存的辐射诱发继发性肿瘤。

早在 1978 年 Withers 就发现了早、晚反应组织在分次效应上的差别。用等效总剂量和分次剂量作图显示晚反应组织的曲线比早反应组织陡，说明晚反应组织比早反应组织对分次剂量的变化更敏感。加大分次剂量，晚反应组织损伤加重。与之相比，早反应组织对分次剂量的变化不太敏感。当分次剂量大于 2Gy 时，晚期并发症明显增加。因此，在临床放射治疗中应充分注意晚反应组织的耐受性。

二、正常组织对射线反应的时间因素

哺乳动物受到辐射后，不同的组织对辐射的反应是不同的，有的在短期内（几天或几周）出现一些临床放射损伤，而有的组织损伤则在数月甚至数年后才出现。局部放射性损伤按照美国 RTOG 的建议可分为急性和晚期放射性损伤。急性放射性损伤也叫早期反应，是指从放射治疗第 1～90d 期间发生的因放射线所导致的反应。第 90d 后发生的则是晚期放射性损伤，或者称为晚期反应。相应的组织也称之为早期反应组织和晚期反应组织。临床放射治疗的最终目的是要最大限度地杀灭乃至全部消灭细胞，同时要最大限度地保护正常组织。作为评价治疗最终疗效的生物效应，主要取决于放射治疗过程中的时间、单次剂量、总剂量和分割次数。

早反应的正常组织的 α/β 值高，一般在 7～15Gy，晚反应正常组织的 α/β 值则较低，一般在 1～7Gy。此外，在动物实验中证实，大多数肿瘤组织的 α/β 值在 9～30Gy。早反应组织的特点是细胞更新很快，因此照射以后损伤很快便会表现出来。损伤之后是以活跃增殖来维持组织中细胞数量的稳定，进而使组织损伤得到修复。晚反应组织的特点是这些组织中的细胞群体更新很慢，增殖层次的细胞在数周甚至一年或更长的时间也不进行自我更新（如神经组织），因此损伤很晚才会表现出来（表 2-1）。

笔记

表 2-1　正常组织的α/β 值

组织/器官	指　　标	(α/β)/Gy	95%区间	作　　者
早反应组织				
皮肤	红斑	8.8	6.9~11.6	Turesson and Thames(1989)
	红斑	12.3	1.8~22.8	Bentsen, et al(1988)
	脱屑	11.2	8.5~17.6	Turesson and Thames(1989)
口腔黏膜	黏膜炎	9.3	5.8~17.9	Denham, et al(1995)
	黏膜炎	15	15~45	Rezvani, et al(1991)
	黏膜炎	8		Chogula and Supe(1993)
晚反应组织				
皮肤/血管	毛细血管扩张	2.8	1.7~3.8	Turesson and Thames(1989)
	毛细血管扩张	2.6	2.2~3.3	Bentzen, et al(1990)
	毛细血管扩张	2.8	-0.1~8.1	Bentzen and Overgaard(1991)
皮下组织	纤维化	1.7	0.6~2.6	Bentzen and Overgaard(1991)
肌肉/血管/软骨	肩部活动受损	3.5	0.7~6.2	Bentzen, et al(1989)
神经	臂丛病变	<3.5		Olsen, et al(1990)
	臂丛病变	~2		Powell, et al(1990)
脊髓	脊髓炎	<3.3		Dische, et al(1981)
眼	角膜损伤	2.9	-4~10	Jiang, et al(1994)
肠道	狭窄/穿孔	3.9	±0.7	Deore, et al(1993)
肺	肺炎	3.3	±15	van Dyke, et al(1989)
	纤维化(影像诊断)	3.1	-0.2~8.5	Dubray, et al(1995)
头颈	各种晚效应	3.5	±12	Rezvani, et al(1991)
声门/喉	各种晚效应	3.8	0.8~14	Maciejewski, et al(1986)
口腔/口咽	各种晚效应	0.8	-0.6~2.5	Maciejewski, et al(1990)

三、各种正常组织和器官对射线的敏感性

根据细胞的更新速率可分为三类:①第 1 类是不断分裂、更新的细胞群体,对电离辐射的敏感性较高,有造血细胞、胃肠黏膜上皮细胞和生殖上皮细胞等。②第 2 类是不分裂的细胞群体,对电离辐射有相对的抵抗性,如神经细胞、肌肉细胞、成熟的粒细胞和红细胞等,均为高度“终末”细胞。这些细胞的存活时间各不相同,从形态上看,对辐射有很强的抗力,但这不是说它们都对辐射不发生反应,已知神经细胞包括大脑皮质和自主神经中的神经细胞,在功能上对辐射比较敏感,较小的剂量即可引起功能反应,放射敏感性的高低是从形态和细胞存活对不同组织和细胞进行区分,一般不依据功能反应判定其放射敏感性。③第 3 类细胞在一般状态下基本不分裂或分裂的速率很低,因而对辐射也相对不敏感,但在受到刺激后可以迅速分裂,其放射敏感性随之增高。典型的例子是再生肝,当肝脏部分切除或受化学损伤而使残留肝细胞分裂活跃时,其放射敏感性高于正常状态下的肝细胞。

笔记

第四节 各种正常组织和器官的放射限量

一、正常组织和器官放射损伤定义

电离辐射引起的正常组织和器官的放射损伤可以分为三类。第一类为致死性损伤(lethal damage,LD),用任何办法都不能使细胞修复的损伤称为致死性损伤,也就是说损伤不可修复,不可逆转地导致细胞死亡。第二类为亚致死性损伤(sublethal damage,SLD),照射后经过一段充分时间能完全被细胞修复的损伤称为亚致死性损伤。在正常情况下可于几个小时内修复;若在未修复时再给予另一亚致死性损伤,就可转变成致死性损伤。第三类为潜在致死性损伤(potentially lethal damage,PLD),这是一种受照射后环境条件影响的损伤,在一定条件下损伤可以修复。对于这几种损伤的本质目前尚不完全清楚,由诸多因素影响着细胞放射损伤与修复的过程,它们是否涉及细胞的同一结构以及它们之间的关系均待进一步研究。

二、重要组织和器官的危及剂量

表 2-2 列出在标准放射治疗条件下正常组织的耐受量。$TD_{5/5}$ 是指在此常规条件下,治疗 5 年内病人出现某一严重放射性损伤的概率≤5%,$TD_{50/5}$ 是指在此常规条件下,治疗后 5 年内病人出现某一严重放射性损伤的概率≤50%。这里的标准放射治疗条件是指应用高能光子射线;1 次/d;5 次/周;200cGy/次。

表 2-2 正常组织放射耐受剂量

器官	损伤	1%~5% $TD_{5/5}$/cGy	25%~30% $TD_{50/5}$/cGy	照射面积或长度
皮肤	溃疡,严重纤维化	5 500	7 000	$100cm^2$
口腔黏膜	溃疡,黏膜发炎	6 000	7 500	$50cm^2$
食管	食管炎,溃疡,狭窄	6 000	7 500	$75cm^2$
胃	溃疡,穿孔,出血	4 500	5 500	$100cm^2$
小肠	溃疡,穿孔,出血	5 000	6 500	$100cm^2$
结肠	溃疡,狭窄	4 500	6 500	$100cm^2$
直肠	溃疡,狭窄	6 000	8 000	$100cm^2$
涎腺	口腔干燥	5 000	7 000	$50cm^2$
肝脏	急性和慢性肝炎	2 500	4 000	全肝
		1 500	2 000	全肝条状照射
	肝功能衰竭,腹水	3 500	4 500	全肝
肾脏	急、慢性肾炎	2 000	2 500	全肾
		1 500	2 000	全肾条状照射
膀胱	挛缩	6 000	8 000	整个膀胱
输尿管	狭窄	7 500	10 000	5~10cm
睾丸	永久不育	100	400	整个睾丸(5cGy/d,散射)
卵巢	永久不育	200~300	625~1 200	整个卵巢
子宫	坏死、穿孔	>10 000	>20 000	整个子宫
阴道	溃疡、瘘管	9 000	>10 000	全部

笔记

续表

器官	损伤	1%～5% $TD_{5/5}$/cGy	25%～30% $TD_{50/5}$/cGy	照射面积或长度
乳腺	儿童不发育	1 000	1 500	全部
	成人萎缩、坏死	>5 000	>10 000	全部
肺	急、慢性肺炎	3 000	3 500	$100cm^2$
		1 500	2 500	全肺
毛细血管	扩张、硬化	5 000～6 000	7 000～10 000	
心脏	心包炎、全心炎	4 500	5 500	60%
骨及软骨	儿童生长受阻、侏儒	1 000	3 000	整块骨或 $10cm^2$
	成人坏死、骨折、硬化	6 000	10 000	整块骨或 $10cm^2$
脑	梗死、坏死	6 000	7 000	全脑
	梗死、坏死	7 000	8 000	25%
脊髓	梗死、坏死	4 500	5 500	60%
眼	眼炎	5 500	10 000	全眼
角膜	角膜炎	5 000	>6 000	整个角膜
晶状体	白内障	500	1 200	整个或部分
耳(中耳)	严重中耳炎	6 000	7 000	整个中耳
前庭	梅尼埃综合征	6 000	7 000	整个前庭
甲状腺	功能减退	4 500	15 000	整个甲状腺
肾上腺	功能低下	>6 000		整个肾上腺
垂体	功能低下	4 500	20 000～30 000	整个垂体
肌肉	儿童　萎缩	2 000～3 000	4 000～5 000	整块肌肉
	成人　纤维化	6 000	8 000	整块肌肉
骨髓	再生不良	200	450	全身骨髓
		3 000	4 000	局部骨髓
淋巴结及淋巴管	萎缩、硬化	5 000	>7 000	整个淋巴结
胎儿	死亡	200	400	整个胎儿
外周神经	神经炎	6 000	10 000	$10cm^2$
大动脉	硬化	>8 000	>10 000	$10cm^2$
大静脉	硬化	>8 000	>10 000	$10cm^2$

知识拓展

NCCN 指南

NCCN——美国国立综合癌症网络(National Comprehensive Cancer Network)每年发布的各种恶性肿瘤临床实践指南，得到了全球临床医师的认可和遵循。NCCN 作为美国 21 家顶尖肿瘤中心组成的非营利性学术组织，其宗旨是在全球范围内提高有关医务人员肿瘤治疗水平，造福全球的肿瘤病人。2006 年在孙燕院士的倡导下，结合中国的实际国情，中国专家与 NCCN 专家共同制订了《NCCN 肿瘤学临床实践指南(中国版)》，来指导中国肿瘤医师的临床实践工作。

笔记

三、正常组织再程放疗的耐受性

随着恶性肿瘤病人生存时间的延长，既往照射区域局部复发以及出现第二原发肿瘤的概率也有增加，因此，需要再程放疗的病人越来越多。随着影像学和放疗技术的进步，既往照射区域的再程放疗成为可能；另外，许多临床试验报道再程放疗的晚期反应大并且会对病人生活质量产生巨大影响。因此，对正常组织潜在的放射损伤及长期修复进行研究显得非常重要。本章总结了再程放疗对各器官效应的基础和临床研究数据，表明许多临床医师在风险获益比最大的情况下有选择地对病人实施再程放疗，大多数正常组织能从潜在的放射损伤中修复。然而，决定是否对病人行再程放疗是一个复杂的过程，仍然需要考虑多方面因素，如存在损伤风险的组织学类型、照射分次剂量、与既往照射的时间间隔、既往照射引起的正常组织改变、病人预后，以及疾病严重程度等。因此，总结目前与各种组织再程放疗耐受性相关的基础与临床研究数据，是为了更好地了解再程放疗的风险和为今后更高总累积剂量的临床放疗提供资料。

1. 皮肤和黏膜　相关研究表明，放射治疗后 2 个月以上，再程放疗的皮肤急性反应与未接受照射的皮肤反应无差异。若在 1 个月内给予再程放疗，则皮肤对再程放疗的耐受性下降，出现急性反应的潜伏期缩短。肠道黏膜接受放疗后，2 个月以上再程放疗，放疗反应也与未接受照射的区域无明显差异。这表明，初次照射后，皮肤和黏膜的放射性损伤在 2 个月内即可得到很好的恢复，几乎是完全修复的。这种现象与上皮细胞增殖效应的时间进程是完全吻合的。皮肤和黏膜能对放射诱导的损伤产生反应，出现一定水平的细胞耗减，通过加速增殖、干细胞迁移至照射组织，以保证皮肤细胞数量和组织的完整性。因此，早反应组织的修复能力较强，对再程放疗的耐受性较好。晚期皮肤毒性反应包括全身皮肤干燥、指（趾）甲营养不良、散发性毛细血管扩张。需要指出的是，虽然皮肤对再程放疗耐受较好，但是严重的晚期皮肤反应的放疗耐受剂量的相关参考资料较少。

2. 神经组织　神经组织基本上是不分裂的细胞群体，对电离辐射有相对的抵抗性，细胞具有较高的修复能力，但是细胞不可再生。因此，限制神经系统受照射的剂量，是复发肿瘤再程放疗计划实施的重点和难点，也是放射肿瘤科医生必须慎重考虑的因素。不同组织的放射损伤修复存在明显差异，放射损伤修复与器官组织类型、之前照射组织的大小以及放疗间隔时间有关，在设置危及器官（organs at risk，OAR）限量时应考虑上述因素。

从现有的临床资料看，脊髓首程照射 46Gy，2Gy/次，2 年后可以给予 23～24Gy，2Gy/次（耐受剂量的 50%）的再程照射。首程照射剂量低，两疗程之间间隔时间长，再次照射可接受相对较高的剂量。由于许多病人接受的是姑息性再程照射，因而随访受到了较大限制。除了累积剂量、间隔时间<6 个月外，任何疗程中（首程或再程）2Gy 等效总剂量>50Gy 都增加脊髓病变发生的风险。低风险病人脊髓病变发生率<5%，中等风险病人为 25%。

脑肿瘤恶性程度高，再程放疗后生存期较短。很难区分肿瘤相关还是治疗相关的毒副反应。因此，很难评估治疗相关不良反应的实际发生率。目前尚无统一的 OAR 限量的标准，不同单位采用的限量不完全一致。来自于头颈部肿瘤再程放疗的数据：中山大学肿瘤医院的经验是 OAR 的 33%体积的照射剂量限制在 5 年内严重并发症发生率 5%（$TD_{5/5}$）的耐受剂量的一半以下；复旦大学附属肿瘤医院的经验是再程放疗时脑干和脊髓最大耐受剂量分别为 40Gy 和 30Gy。其他 OAR 限量要求为最大耐受剂量（$TD_{5/5}$）减去 30%的首次照射剂量，计算公式为 $TD_{5/5}-0.3\times$首次照射剂量。

3. 肺　对再程放疗后发生放射性肺炎的时间与所观察到的照射后Ⅱ型肺泡上皮细胞的早期增殖增加是一致的。这些细胞的增殖能充分代偿低剂量照射后的细胞丢失。高剂量照射以后，致死性肺炎出现得更早，特别是在间隔时间短的情况下进行再程治疗时。这是由于较高剂量的初次照射后靶细胞群体接近细胞耗竭的临界水平，于是需要更长时间的再群体化。

一般再程放疗的时间隔均在 1 年以上，再程放疗的剂量为初始剂量的 50%～100%，即 20～50Gy（2Gy/次），再程放疗引发的放射性肺炎较少见。双肺能部分地修复隐匿性损伤，而气管、支气管、食管的研究数据则较少。需要注意的是，再程放疗后的中位生存时间仅为5~7个月，可能会因为病人生存时间太短而不能完全评价肺及其他胸部器官的晚期损伤。

4. 心脏 有学者通过照射间隔时间9个月，采用大鼠模型测量再程放疗后6个月的离体心功能，研究了心脏的再程放疗耐受性。心脏耐受剂量定义为半数接受治疗的动物丧失50%心脏功能的剂量（ED_{50}）。在照射后的6个月中，再程放疗的ED_{50}接近首程放疗的ED_{50}，但在6个月后耐受性明显下降。首程放疗剂量的增加会导致再程放疗耐受性的下降。首程放疗诱发的损伤呈现缓慢的进展，因而在首程放疗后随着时间的延长其耐受性也会逐渐下降。目前尚缺乏系统性的临床数据。

5. 肾 肾属于放射敏感的器官之一。照射后功能性的损伤表达之前的潜伏期很长，低剂量照射后更是如此。啮齿类动物实验已清楚地证明肾的功能损伤是进行性和剂量依赖性的。这与临床观察到的缓慢的进行性肾损伤（至少可长达7年）是一致的，表明初次照射大剂量以后再程放疗是不可行的。目前尚没有研究证实肾的长期功能性损伤能够修复。初次剂量仅为6Gy的照射以后（*BED*的25%），肾对再次放疗的耐受性随时间延长而降低。这与在治疗间隔期间存在着连续的进行性隐匿损伤有关。

6. 间叶组织 间叶组织对放射损伤的修复慢于早反应组织。再程照射后晚期损伤的发生率较高。晚期反应包括牙关紧闭、颈部软组织纤维化、放射性骨坏死、吞咽困难等。首程放疗的生物等效剂量对晚期损伤的发生存在显著影响，再程放疗的生物等效剂量对晚期损伤的发生也存在一定影响，而与两次照射的间隔时间长短无关。再程放疗并发症发生的决定性因素在于首程放疗对组织的破坏程度。尽管采用调强放射治疗或其他高度适形技术，只要结缔组织位于靶区内且接受高剂量照射，就不能避免发生严重的晚期毒副反应。

本章小结

1. 在放射线的作用下，DNA的断裂有两种方式：DNA双螺旋结构中一条链断裂时，称为单链断裂；两条互补链于同一处或相邻处同时断裂时，称为双链断裂。

2. 早反应组织与晚反应组织 ①早反应组织的特点：细胞更新快，放疗反应或损伤多发生在照射期间或治疗以后的最初几天或几周内，其值较高，损伤之后以活跃增殖的方式来维持组织中细胞数量的稳定，使组织损伤得到修复。②晚反应组织的特点：细胞更新慢，放疗反应或损伤多发生在照射治疗以后数月或数年才能表现出来，其α/β值通常较低。在临床放疗工作中，应根据其生物学特性分别考虑晚反应组织和早反应组织对分次照射剂量和治疗总时间效应的不同，在提高肿瘤治疗剂量的同时，注意保护肿瘤周围的正常组织和器官。

3. 早、晚反应组织与治疗时间的关系 由于晚反应组织细胞更新较慢，在放疗期间一般不发生代偿性增殖，故对放疗总时间的变化不敏感，缩短总的治疗时间会增加对肿瘤细胞的杀灭，但不会加重晚反应组织的损伤；与此相反，早反应组织对治疗总时间的变化则非常敏感，故缩短总的治疗时间会加重早反应组织的损伤，从α/β值角度看，肿瘤类似于早反应组织，因此在不引起严重急性反应的情况下，为保证治疗效果，应尽量缩短总疗程时间。

（林少民 张光贵）

扫一扫，测一测

思考题

1. 类似于植物，不能修复的辐射损伤，仅有极少数发生了有益的基因突变，绝大多数是致死性的。正常细胞和肿瘤细胞的染色体都会损伤，那杀灭肿瘤细胞的同时，为什么没有杀死同样多的正常细胞呢？

2. 简述早反应组织和晚反应组织各自的特点。

3. 正常组织的放射敏感性与哪些因素有关？

第三章 肿瘤细胞和组织的放射生物学

0301

PPT

学习目标

1. 掌握：肿瘤组织对放疗的敏感性。
2. 熟悉：肿瘤细胞动力学；肿瘤组织对辐射后的反应。
3. 了解：肿瘤微环境和细胞乏氧反应。

人体正常组织受自动稳定控制系统的控制，细胞增殖到一定程度会停止，生长控制方式主要有两种：一种是直接作用于细胞群，由子代细胞产生对细胞增殖的反馈作用；另一种是作用于细胞的周围环境，可以同时对几种细胞群起作用（激素、维生素）。此外，神经调节、营养、温度等也起一定的生长调节作用。在正常情况下，细胞群的增殖相当于丢失，即细胞丢失为100%。若平衡被打破，使细胞的丢失大于增殖时，自控作用就会促使细胞加快增殖，迅速补充缺损。

肿瘤是生物体内按自身规律增殖的细胞群，其增殖不受机体稳定控制系统约束。肿瘤内的细胞群有以下几种类型：①处于周期中，有一定细胞周期时间的分裂细胞；②处于 G_0 期细胞，暂时不增殖，保持生长能力的静止细胞；③已经没有增殖能力，从肿瘤治疗角度看为已死亡的细胞；④从代谢角度看为已经死亡的将从细胞群内被清除的破碎细胞。肿瘤内存在不同生长状态的细胞，说明肿瘤内只有一定比例的细胞增殖，并且有相当数量的细胞丢失。

第一节 肿瘤细胞动力学

肿瘤细胞动力学是研究肿瘤细胞群的增殖动力学，通过观察细胞的运动，以描述一个细胞群的生长来说明肿瘤细胞总数的变化。由于正常细胞群和肿瘤细胞群的增殖动力学存在差异，射线可以对它们产生不同的影响和损伤，因而可以通过改变影响因素，扩大正常细胞群和肿瘤细胞群之间的损伤差异，为提高肿瘤放射治疗疗效提供细胞学基础。

一、肿瘤大小和生长率的测量

原发性肿瘤和转移性肿瘤的生长决定了临床上肿瘤的发展进程。在肿瘤的发生过程中，肿瘤细胞会产生一些特殊的功能，例如，自己会产生生长信号、对抗生长信号不敏感、无限的增殖潜力、逃避凋亡以及持续性血管生成。在不同的肿瘤中，由于细胞增殖和细胞丢失的不同，其生长速度大不相同。

肿瘤生长测定照射后定时测定肿瘤的大小，适用于边缘无扩散的实体肿瘤模型。在实验室条件下，可以简单地用卡尺对肿瘤进行反复地准确测量。但在临床上，肿瘤测量的可能性以及准确度取决于肿瘤所在的位置以及医院的影像学技术，例如，胸片能监测到大于0.5cm的肺部病变，螺旋CT能监测到直径大于0.3cm的病变。肿瘤测定的常用方法包括：①用卡尺测量肿瘤的三维直径（最大径 a 和与之垂直的横径 b 以及厚度 c），然后3个值相乘再开立方，即 $R=\sqrt[3]{abc}$；②用卡尺测量肿瘤的二维直

笔记

径（最大径 L 和与之垂直的横径 W），然后按照椭圆形体积计算肿瘤体积，即 $V(mm^3)=LW^2/2$；③位于皮肤和皮下的肿瘤，可直接测定其最大直径，作为肿瘤生长的参数。肿瘤的大小和生长率也可以通过测定一些肿瘤生化标志物来评估，例如，在前列腺癌中的前列腺特异性抗原（PSA）。

二、指数和非指数生长

指数性生长是指肿瘤细胞数量和体积在相等的时间间隔内以一个恒定的比例增加，一个细胞从 1 个分裂成 2 个，2 个分裂成 4 个，依次分裂成 8、16、32 个，如此等等。据此，指数性生长表示为（式 3-1）：

$$V=\exp[0.693(T/T_d)] \quad （式 3-1）$$

式中，0.693 是 ln2，T 是时间，肿瘤的对数随时间呈线性增长，这是肿瘤生长的最简单模式。绝大多数细胞的倍增发生在肿瘤被发现之前（图 3-1），在大多数临床情况下，当肿瘤细胞数接近 10^9 时才可被探测到，此时肿瘤的重量大约为 1g，体积大约为 $1cm^3$。指数生长的寓意为在恒定条件下随着时间的推移，肿瘤的体积呈对数直线增长。如果在对数绘图纸上绘制肿瘤生长曲线（以体积或重量为纵坐标），这种趋势很容易看出。这样，如果肿瘤偏离了指数性生长，肿瘤中不同的生长率和不同的疗效就很容易看出。其实，随着肿瘤体积的增大，生长速度趋于变小。在大肿瘤中，这种效应是由于氧及营养成分供给不足而使周期细胞中循环细胞的比例降低、细胞周期延长以及（或）细胞死亡率增高所致。

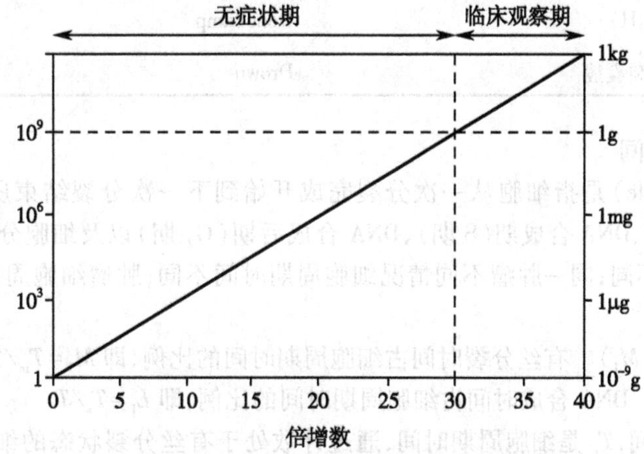

图 3-1　单个细胞的倍增数与肿瘤中最终细胞数之间的关系

注：为了计算肿瘤重量，假设每克肿瘤中有 10^9 个细胞，临床观察期代表肿瘤史中最小的部分；肿瘤重量以对数形式绘出，如果倍增时间是恒定的，那么直线表明肿瘤呈指数生长。

在通常条件下，如果允许细胞增殖，而且没有细胞丢失，则细胞数量的增加是指数性的。有两个过程会引起肿瘤生长的倍增时间长于细胞周期时间，也就是细胞丢失和去周期化（指增殖细胞移动并进入非增殖状态），这三个因素中的任何两个的组合（例如，延长细胞周期时间、降低生长比例以及增加细胞丢失率）都会导致肿瘤的非指数性生长。

在人体不同组织类型的肿瘤中以及原发性肿瘤与转移性病灶之间，肿瘤体积倍增时间差别很大。例如，原发性肺癌的体积倍增时间为 2~6 个月，而直肠癌大约为 2 年。总的来说，转移性肿瘤较原发性肿瘤生长快。

三、肿瘤生长比例和细胞周期时间

（一）肿瘤生长比例

肿瘤的生长比例是指进入细胞周期内的细胞百分比。在实体瘤中，并非所有的肿瘤细胞在某一特定时间内都处于细胞周期之中，总有一定数量的细胞，尽管它们还活着，具有继续生长的能力，却处于细胞周期之外。因此，肿瘤的生长比例可以通过生长分数来表示。肿瘤的生长分数（growth fraction，

笔记

GF）是指有增殖能力的细胞数与细胞群的细胞总数的比例，即（式 3-2）：

$$生长分数=\frac{有增殖能力的细胞数}{细胞群的细胞总数} \quad （式 3\text{-}2）$$

在细胞周期中的标记指数 L_I 则大体上相等于细胞群体的生长分数。表 3-1 列出了从动物实验中获得的实体瘤生长分数。表中的数值说明，尽管实体瘤取自不同的动物种系，而且分化程度和组织类型有很大的差别，但是肿瘤的生长分数维持在 30%~50%之间。人类肿瘤的生长比例测定值变化范围是在 0.1%~40%之间。S 期的时间大约是细胞周期的 1/3。生长比例的变动在 0.3%~100%之间。这些数字表明，肿瘤内存在可变动而又有很高比例的静止期细胞。只有在分化较好的肿瘤内，才有静止期细胞的存在。总之，如果肿瘤生长比例高、细胞周期短或细胞丢失少，肿瘤生长得就快。

表 3-1　实验动物肿瘤的生长分数

肿　瘤	作　者	生长分数/%
小鼠原发乳腺癌（C_3H）	Mendelsohn	35~77
大鼠转移性肉瘤（RLB_5）	Denekamp	55
大鼠转移性肉瘤（SSO）	Denekamp	47
大鼠转移性肉瘤（SSB_1）	Denekamp	39
小鼠乳腺癌（C_3H）	Denekamp	30
化学诱发仓鼠颊囊癌	Drown	29

（二）细胞周期时间

细胞周期（cell cycle）是指细胞从一次分裂完成开始到下一次分裂结束所经历的全过程，包括 DNA 合成前期（G_1 期）、DNA 合成期（S 期）、DNA 合成后期（G_2 期）以及细胞分裂期（M 期）。不同类型肿瘤细胞周期时间不同；同一肿瘤不同情况细胞周期时间不同；肿瘤细胞周期时间为 15~100h，平均 2.3d。

1. 有丝分裂指数（M_I）　有丝分裂时间占细胞周期时间的比例，即 $M_I=T_m/T_c$

2. 标记指数（L_I）　DNA 合成时间占细胞周期时间的比例，即 $L_I=T_s/T_c$

T_m 是有丝分裂时间，T_c 是细胞周期时间，通过计数处于有丝分裂状态的细胞和被标记的细胞比例，可以在一个标本内同时得到 M_I 和 L_I 的数据，M_I 和 L_I 均为相对时间。

3. 细胞周期内各时相　通过标记有丝分裂百分率法可以获得细胞周期内各时相的精确时间。离体实验时，将 ^{3}H-胸腺嘧啶加入细胞的培养液中，用 20min 进行标记，待脉冲标记时间结束时弃去有放射性的培养液，加入新鲜培养液。此后，每隔 1h 定期从细胞群体中收取样品，固定，染色，放射自显影，统计标记有丝分裂细胞（细胞核上有黑色颗粒的细胞）百分率，即标记有丝分裂百分率（percentage of labeled mitoses，PLM）。

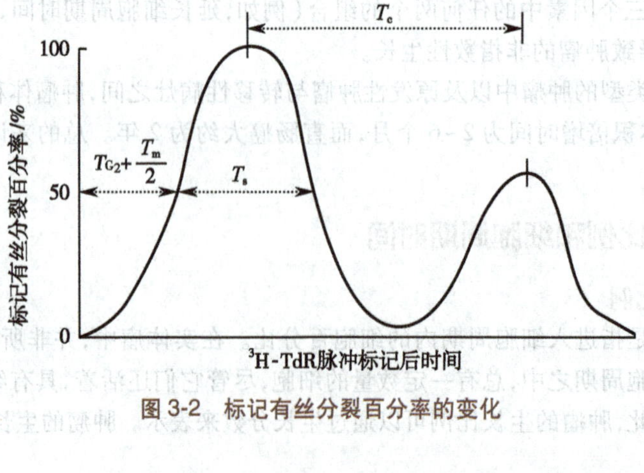

图 3-2　标记有丝分裂百分率的变化

笔记

图3-2表示了一个较为典型的实验结果。图中能确定的点只有曲线峰值和50%水平处距离，据此，可以粗略地计算细胞周期各时相的时间。图中第一峰的宽度相当于T_s，即曲线上升段的50%处到曲线下降段50%处之间的时间。细胞周期时间为两个峰值之间的时间。通过另外的实验可以计算出有丝分裂指数(M_I)。因为$M_I=T_m/T_c$是已知的，所以T_m能够由计算求得。从图3-2中能够计算出$T_m=T_{G_2+M}/2$时间，又因为T_m已知，所以可由计算求得T_{G_2}，进而可以求得T_{G_1}。

通过采用标记有丝分裂百分率法对离体培养细胞和实验动物肿瘤细胞进行周期及各时相时间的测定，获得了大量资料，表3-2对实验结果进行了整理。表中数据说明，不同细胞的细胞周期时间长短差异很大，这种差异主要取决于G_1期的长短，而G_2期、M期及S期的长短在不同的细胞则差别不大。表3-3是不同人体肿瘤的细胞周期时间。

表3-2　一些离体细胞和实验肿瘤的细胞周期时间

作　者	细胞及组织	T_c/h	T_s/h	T_m/h	T_{G_2}/h	T_{G_1}/h
Bedford	离体培养仓鼠细胞	10	6	1	1	2
	离体培养Hela细胞	23	8	1	3	11
Steel	大鼠乳腺肿瘤					
	BICR/A2	19	8	≈1	2	8
	BICR/M1	63	10	≈1	2	50
Quastler和Sherman	小鼠小肠隐窝上皮	18.57	7.5	0.5	0.5~1	9.5
Brown和Beery	仓鼠颊囊上皮	120~152	8.6	1.0	1.9	108~140
	化学诱发仓鼠颊囊癌	10.7	5.9	0.4	1.6	2.8

表3-3　用有丝分裂标定百分比方法确定的不同人体肿瘤的细胞周期时间(T_c)

组织类型	测量的肿瘤数/个	平均T_c*/h	正常值范围/h
鳞状细胞癌	7	43.5	14~217
腺癌	5	34.9	25~45
黑色素瘤	4	102	76~144

*集合平均数。

四、潜在倍增时间

肿瘤病人整个疾病的进程，在很大程度上依赖于原发和转移肿瘤的生长速度，对肿瘤生长速度的描述包括以下几个参数：

1. 肿瘤体积倍增时间(tumor volume doubling time，T_d)　是描述肿瘤生长速度的重要参数，由三个主要因素决定，即细胞周期时间(the cell cycle time，T_c)、生长比例(growth fraction，*GF*)和细胞丢失率(the rate of cell loss)，如果细胞周期时间短，生长比例高，细胞丢失低，则肿瘤生长的就比较快。

2. 潜在倍增时间(potential doubling time，T_{pot})　是描述肿瘤生长速度的理论参数，它是指假设在没有细胞丢失的情况下，肿瘤细胞群体增加1倍所需要的时间。T_{pot}是由生长比例(*GF*)与细胞周期时间(T_c)决定的，即$T_{pot}=T_c/GF$。T_{pot}通过测定胸腺嘧啶的标记指数(L_I)或S期比例(T_s)，根据关系式(式3-3)得到：

$$T_{pot}=\lambda(T_s/L_I) \qquad (式3\text{-}3)$$

式中的λ是矫正系数，一般在0.67~1.0之间。T_s是S期持续时间，可以通过胸腺嘧啶类似物标记技术进行测算。用这种方法计算，不同部位人体肿瘤的T_{pot}一般为4~34d，这主要是肿瘤间的L_I不同而引起了T_{pot}的不同，而T_s变化相对小一些，一般为12h左右。T_{pot}能测定持续增殖的细胞的增长速度，从而为预测一个分次照射的放疗计划可能得到的结果提供参考。T_{pot}的检测结果将病人分为带有生长快的肿瘤(T_{pot}<4d)和带有生长慢的肿瘤(T_{pot}>4d)。随机分为常规治疗组和加速分割治疗组,两组的总剂量是一样的。

五、肿瘤中的细胞丢失

(一)细胞丢失系数

肿瘤的生长速率是细胞增殖与细胞丢失相平衡的结果。多数情况下,肿瘤的生长速率比已知的肿瘤细胞周期时间和生长分数下应有的生长速率要慢得多。这是因为有细胞丢失。肿瘤的丢失程度,可以用比较新的细胞产生的速度和观察到的肿瘤生长速度来得到。Steel 给细胞丢失系数(Φ)定义(式 3-4)为:

$$\Phi = 1 - T_{pot}/T_d \quad \text{(式 3-4)}$$

等式中,T_{pot} 被认为潜在肿瘤倍增时间(预测肿瘤体积增加 1 倍的时间),而通过简单的直接测量肿瘤的直径所得的 T_d 是实际肿瘤倍增时间。细胞丢失系数表示出肿瘤潜在生长能力的丢失情况。

(二)肿瘤细胞丢失途径

肿瘤细胞丢失有多种方式:①营养不良性坏死,如果肿瘤过度生长,超过自身血运供应体系的承受能力,邻近毛细血管的细胞有很快的细胞增殖,便把其他的细胞推移到距离血管较远的区域,那里的血运差,氧浓度偏低,营养物质供应不足,于是这些细胞迅速死亡进而丢失,形成一个逐渐增大的坏死区域;②凋亡或程序性细胞死亡;③死于免疫打击;④转移,例如通过血液系统和淋巴系统扩散;⑤剥落,这种方式在大部分实验动物肿瘤中不适用,但在人的肿瘤却是一种主要方式,例如胃肠道肿瘤,胃肠道上皮的更新速度非常快。如果细胞周期时间短、生长比例较高、细胞丢失少,那么肿瘤生长较快。

(三)在实验肿瘤内测定细胞丢失

在很多的实验动物肿瘤中已经估测了细胞丢失系数,其中部分结果列于表 3-4 中。从表中可以看出,细胞丢失系数在不同肿瘤中变化幅度较大。有学者在研究了大量文献后指出:肉瘤细胞的丢失系数大多数低于 30%,而癌细胞的丢失系数则高于 70%。因此细胞丢失系数是影响癌生长的重要因素,而对肉瘤的生长影响相对较小。肉瘤和癌细胞丢失系数的差别也可以解释其对放射反应的差别。大剂量照射后,当癌细胞的增生暂时终止或减低时,原有的癌细胞则因其有较高的丢失系数不断死亡并被清除,肿瘤缩小。然而,由于肉瘤的细胞丢失系数低,在同样的辐射剂量下,其体积缩小不如癌明显。从长远来看,两个肿瘤的"治愈"率可能一样,但在短期内肉瘤则比癌对放射表现出相对的抗性。

表 3-4 实验动物肿瘤的细胞丢失因子(Φ)

肿瘤	主要作者	Φ/%	肿瘤	主要作者	Φ/%
小鼠肉瘤	Frindel		小鼠癌	Mendelsohn	69
3d 肿瘤		0	仓鼠癌	Drown	75
7d 肿瘤		10	大鼠肉瘤	Hermens	26
20d 肿瘤		55	仓鼠癌	Reiskin	81~93
大鼠癌	Steel	9	小鼠癌	Tannock	70~92
大鼠肉瘤	Steel	0			

(四)人体肿瘤的细胞丢失程度

表 3-5 是 6 组人体肿瘤的体积倍增时间相关的数据,它们包括大部分原发和继发的肺部肿瘤。个体系列之间存在的差异,实际上反映了不同类型的肿瘤之间生长速度的明显差异。但如果将所有的结果放在一起计算,则平均中位倍增时间是 66d,其中 80% 为 18~200d。根据 Steel 所提出的标记指数,倍增时间和 S 时相时间的中位数计算,则在所有观察的人体肿瘤的中位数细胞丢失因子是 77%。从而显示人体肿瘤的细胞丢失是决定肿瘤生长情况的最重要的因素。

笔记

表 3-5　人体肿瘤的体积倍增时间

作者	部位	倍增时间/d	范围/d
Breuer	肺转移灶	40	4~745
Collins, et al	肺转移灶	40	11~164
Collins	肺转移灶来自结肠或直肠	96	34~210
Carland	原发性支气管癌	105	27~480
Schwartz	原发性支气管癌	62	17~200
Spratt	原发性骨骼肉瘤	75	21~366

第二节　肿瘤微环境和细胞乏氧反应

肿瘤微环境(tumor microenvironment, TME)是肿瘤细胞赖以生存和发展的特殊环境,由细胞成分和非细胞成分组成。细胞成分包括肿瘤细胞、血管细胞、免疫细胞和纤维母细胞等;非细胞成分主要包括细胞因子和趋化因子等。肿瘤微环境具有肿瘤组织血供不足、间质压力高、营养相对缺乏等特点,其主要作用是参与肿瘤的起始、进展和侵袭转移。

肿瘤内部血管的形成对肿瘤的生长具有重要作用。肿瘤血管是肿瘤赖以生长和转移的基础,为肿瘤组织提供新陈代谢必需的氧气和营养,从而使肿瘤得以迅速地生长,并同时为肿瘤的远端转移提供转运。

一、肿瘤乏氧微环境的形成机制

(一)肿瘤的氧模式

组织中稳定的氧浓度取决于氧供给和氧需求的平衡。对于绝大多数正常组织来说,氧的浓度维持在 5%~7%。当氧浓度≤3%时,被认为是组织缺氧,低于这个数值时氧的丢失可以激活几个不同的生物途径,这些被激活的途径可以使细胞或组织更适应这种低氧环境。可通过增加无氧糖酵解能力、调节血流变化、刺激血管生成来增加组织的血供,这些途径在绝大多数正常组织和肿瘤中都有。

乏氧微环境是肿瘤组织内常见的现象之一,Powers 设计实验首次证实了肿瘤内含有乏氧细胞(图 3-3)。小鼠皮下淋巴瘤整体照射后,测定肿瘤细胞的剂量-存活曲线,存活曲线由两个斜率不同的部分组成,第一部分斜率大,D_0 值为 1.1Gy,第二部分斜率小,D_0 值为 2.6Gy。双向曲线说明肿瘤由放射敏感完全不同的含氧细胞和乏氧细胞构成。乏氧细胞(hypoxic cell)是指含氧量非常低的细胞。乏氧细胞对辐射的敏感性极低,这已经成为当前肿瘤临床放射治疗中的一大难题。

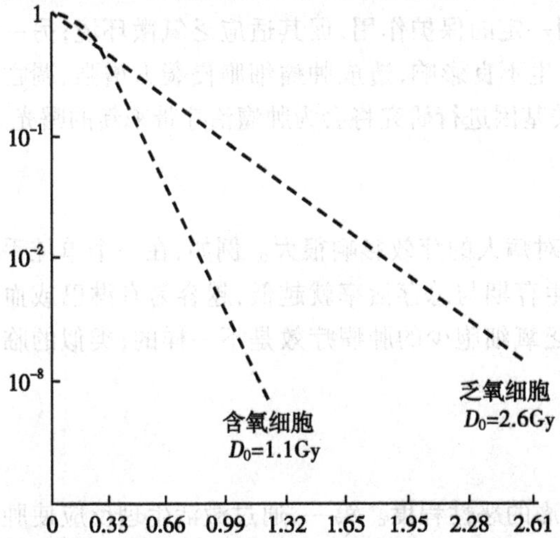

图 3-3　小鼠实体淋巴瘤照射后细胞剂量-存活曲线/Gy

(二)肿瘤乏氧微环境的形成机制

乏氧微环境在肿瘤侵袭、转移和对放化疗抵抗方面发挥着重要作用。根据其形成机制不同,大体分为急性乏氧和慢性乏氧,二者对肿瘤细胞的影响具有很大的相似性,但又不完全相同。

1. 慢性乏氧　实体瘤的生长需要不断地诱导血供,这个过程称之为血管生成。新形成的血供是原始的,不能满足生长中的肿瘤需要,因此造成营养不良和供氧不足区域,乏氧细胞存在于这些区域,但这些乏氧细胞仍是有活力的。

由于肿瘤快速和无控制地生长,使其脉管系统的供氧量无法满足其需求。虽然乏氧反过来可以刺激肿瘤脉管系统的生长,但是新生成的脉管仍然

笔记

不能满足快速增长的肿瘤的需要。把实体瘤的生长并不断地诱导血供的过程称之为血管生成。直径小于1mm的肿瘤是充分氧合的，直径超过这个范围便会出现乏氧。因此，虽然血管生成是肿瘤的一个"特征"，但是肿瘤的乏氧仍然是贯穿肿瘤"终身"的一个常见特征。在人体肿瘤中，由于脉管系统的不足引起了"慢性"乏氧，单个灌注的脉管是以围绕在它们周围的一个氧浓度梯度下降为特征的，在肿瘤中存在着不同氧浓度区域，从脉管周围的正常浓度到远端的乏氧。

通过观察人体卵巢恶性颗粒细胞瘤的组织切片，能够看到一些围绕在血管间质周围的有活力的肿瘤区域，肿瘤是从这些间质中吸取所需的营养和养分。当这些区域增大时，中心部出现坏死，有活性组织厚度一般为100～180μm。当肿瘤半径<160μm，中心部无坏死；当肿瘤半径>200μm，中心出现坏死（图3-4）。因此，当氧从血管出来弥散于细胞基质时，边扩散边被经过的肿瘤细胞所消耗，这过程有一定的距离限制，当肿瘤细胞层的厚度超过氧的有效扩散距离时，细胞就不能存活，导致坏死。坏死周边的细胞仍是有活力的，但这些细胞乏氧。离血管较远，超过了氧的有效弥散距离（100～150μm）而处于乏氧状态的细胞，氧和营养供应不足，细胞失去增殖能力。慢性乏氧是组织所呼吸的氧受扩散距离限制的结果，因此细胞可在长时间内乏氧。

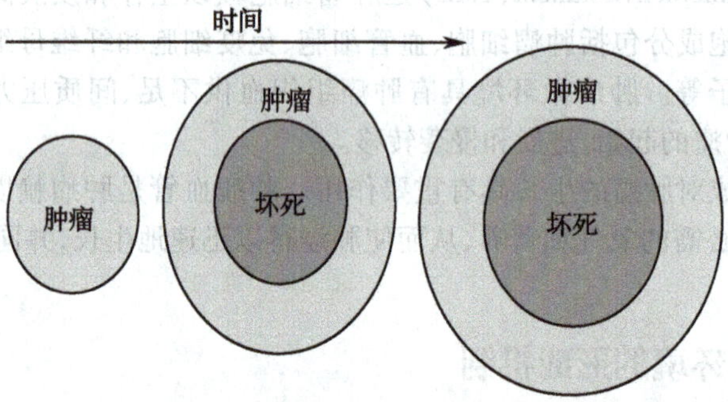

图3-4　肿瘤坏死区域发展模式图

2. 急性乏氧　在一些情况下，在很靠近血管的周围有时也会发现乏氧细胞，这用"扩散受限"理论无法解释。肿瘤脉管系统的特点是弯弯曲曲、杂乱无章，通常是不成熟、外露以及缺乏平滑肌细胞的，因此常出现血流上的不稳定，这就形成了"急性"或者"扩散受限性"乏氧。"急性乏氧"是以血流通过脉管不稳定的地方，氧浓度急剧变化为特征的，使肿瘤细胞的氧浓度可能在零与正常值之间波动。急性乏氧是肿瘤血管暂时关闭所致，因此是一过性的。

研究证明，几乎所有的实体瘤中均有乏氧细胞存在，乏氧细胞比例一般在10%～20%，也有高达50%和少于1%，通常乏氧细胞比例随肿瘤体积增大而增加。人体肿瘤组织中乏氧细胞的比例要比动物肿瘤中高。从研究资料来看，30%～40%肿瘤由于微环境乏氧的存在使得肿瘤细胞的一系列基因转录活性发生改变，其表达产物一方面对肿瘤细胞起到一定的保护作用，促其适应乏氧微环境；另一方面又对肿瘤生长、能量代谢、血管生成、转移和凋亡产生不良影响，造成肿瘤细胞侵袭力增强、凋亡下降、对放化疗抵抗。因此，针对肿瘤微环境乏氧和相关基因进行研究将会为肿瘤治疗带来新的曙光。

二、乏氧与恶性表型之间的关系

在放疗中乏氧与放射拮抗性关系密切，在临床上对病人的疗效影响很大。例如，在一个单纯手术的宫颈癌研究中，肿瘤病人的乏氧程度越高，其无病生存期与总存活率就越低，越容易有淋巴或血性转移。这个研究表明在生理上乏氧细胞多的肿瘤与乏氧细胞少的肿瘤疗效是不一样的；类似的临床研究证实，乏氧是远处转移很好的预测因子。

三、乏氧与肿瘤恶性程度的关系

研究表明，乏氧至少通过三个不同的机制影响肿瘤的恶性程度。第一，通过激活生理反应使肿瘤更容易适应低氧环境，例如通过增加厌氧葡萄糖率和血管生成。第二，通过不利的生长环境允许细胞选择和过度增殖来提高对乏氧和其他不利因素的耐受性。第三，乏氧可以改变DNA修复的能力，以增

笔记

加肿瘤的恶性程度来提高基因的不稳定性。

（一）乏氧驱使的适应

在进化过程中，机体产生了多种不同的途径，使其功能适应低氧环境，包括细胞、组织和全身水平的适应。在肿瘤和正常组织中，乏氧也是血管生成很强的调节剂，细胞对乏氧的反应在控制脉管系统的正常发育中起着重要的作用。

红细胞、白细胞、厌氧性新陈代谢以及血管生成的增加都是对乏氧的适应过程，可以提高细胞氧供和维持能量的动态平衡。癌细胞通过这些相同的生理反应途径来支持肿瘤细胞的生长与扩散，为了产生能量，它们改变糖酵解、刺激血管生成以提高氧化。癌细胞的基因发生突变，使得它们的生理反应对乏氧有耐受。例如，即使在氧合条件好的情况下，它们也呈现出很高的厌氧性新陈代谢和血管生成，这可以通过调节乏氧分子反应途径的基因突变来实现，即使在乏氧状况下也可以改变它们的结构。但是，即使血管生成率很高，由于新生血管杂乱无章、功能欠佳，肿瘤仍然处于持续乏氧状态。

（二）恶性肿瘤细胞的乏氧驱使选择

尽管有一定的适应，但是如果乏氧严重、时间长的话，乏氧细胞可以产生毒素，能够导致细胞的死亡。在正常生理状况下这种毒素会诱导细胞的凋亡。但是在肿瘤细胞中，这种毒素会出现调节凋亡基因的突变，而使肿瘤细胞在乏氧状态下凋亡率比较低，表现出对乏氧有很强的耐受性。事实上，乏氧本身就可以选择对凋亡有拮抗的细胞，因此也提高了整个肿瘤的恶性程度。

在氧介导的选择性实验中（图 3-5），将缺少肿瘤抑制基因 p53 的细胞（p53 基因诱导细胞的凋亡）与相同的 p53 基因正常的细胞混合。在乏氧状态下，p53 基因正常的细胞会死亡，而 p53 基因缺少的细胞能够存活下来，这样 p53 基因缺少的细胞就会迅速超过 p53 基因正常的细胞，最终占据整个肿瘤。随机突变可以使得乏氧耐受的单个细胞在生长上有一个优势，可以扩展到其他细胞中，因此在肿瘤发展中，乏氧对肿瘤细胞是一个很强的“筛选剂”。越是高度拮抗、高度恶性的肿瘤，乏氧程度就越高。

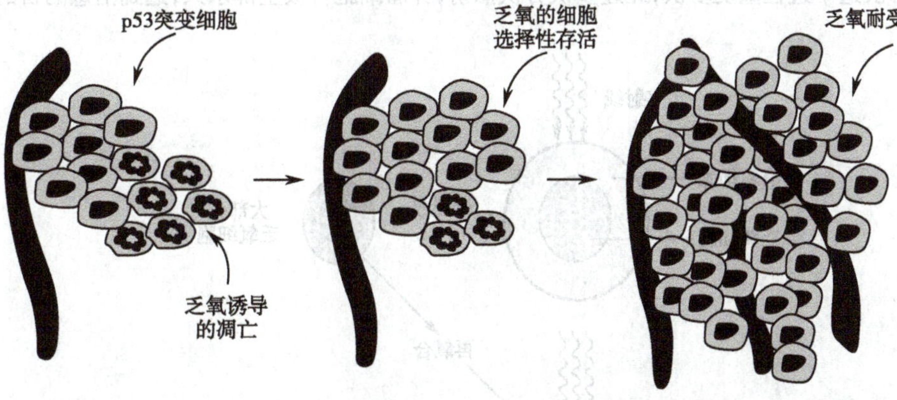

图 3-5　乏氧微环境中凋亡拮抗细胞的选择性存活

注：在肿瘤早期，凋亡易感细胞在遇到乏氧的环境将会很快死亡。在基因不稳定环境的肿瘤中乏氧可引起肿瘤中克隆源性细胞凋亡基因（如 p53）的突变，使细胞拮抗乏氧诱导的死亡。由于突变的细胞寿命较长，因此这些细胞可延伸到 p53 野生型的细胞（没有突变）中，最终占据大部分肿瘤。

（三）乏氧和基因的不稳定性

肿瘤的进展与一系列的基因改变相关，基因的不稳定性加速了肿瘤的发展。生活在肿瘤微环境中的细胞与生长在体外的肿瘤细胞相比，其突变率与基因的不稳定性都有所增加。

四、乏氧与放射敏感性的关系

（一）组织氧合

有一些学者设计了含有不同比例乏氧细胞存活率的实验，绘制了含有不同百分比的乏氧细胞在单次照射时的细胞存活曲线（图 3-6）。图中表明，当乏氧细胞的百分含量减少时，在相同的照射剂量下，细胞的存活数也减少，也就是说当组织氧合状况良好时，乏氧细胞含量低，在相同剂量的射线照射下，细胞的存活率下降，即细胞对射线的敏感性增加。据此，临床上通过增加组织氧合方式来提高对

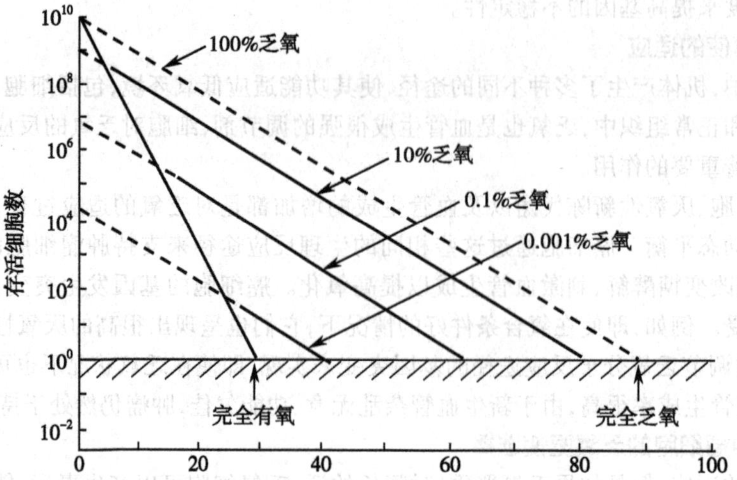

图 3-6　含不同百分比的乏氧细胞单次照射后的存活曲线/Gy

肿瘤放射治疗的治愈率。

（二）乏氧细胞再氧合

因为乏氧细胞对抗放射而导致肿瘤局部复发、远处转移和预后不良。分次照射后乏氧细胞变为氧合细胞的现象称为乏氧细胞再氧合（reoxygenation）。乏氧细胞再氧合是临床肿瘤放射治疗中，小剂量分次照射方案制订的重要生物学基础，是提高肿瘤放疗疗效的重要途径。图 3-7 描绘了肿瘤乏氧细胞再氧合的过程。如果用中等剂量的 X 射线照射后，肿瘤中的含氧细胞由于对辐射敏感而被杀死，而乏氧细胞则被杀死的很少，此时全部肿瘤细胞为乏氧细胞。在下一次照射之前将有相当比例的乏氧细胞再氧合，而被下次辐射杀死，这个过程重复多次，经过多次分次照射，肿瘤细胞将被全部杀灭，达到治愈的目的。

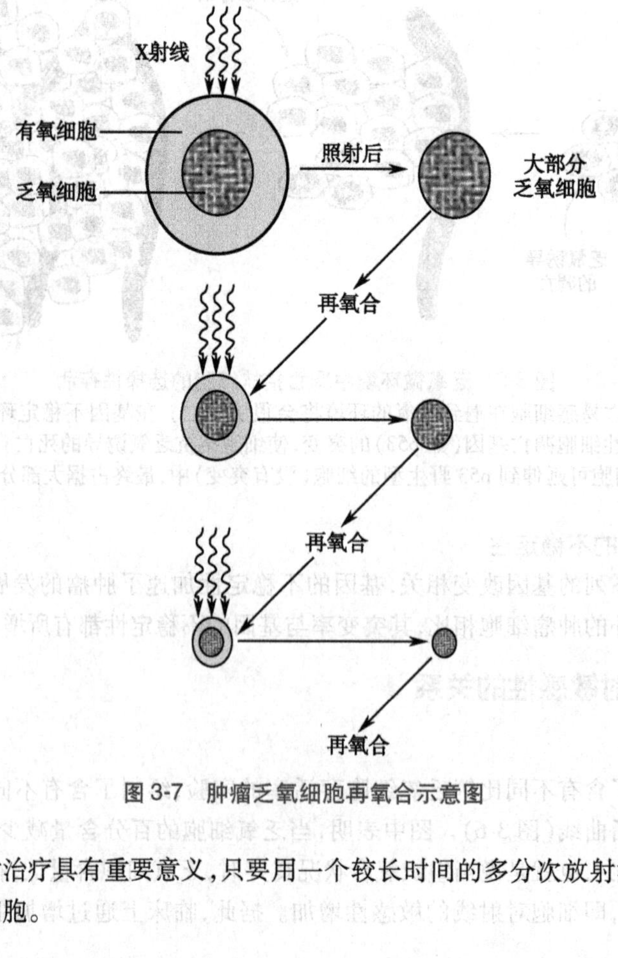

图 3-7　肿瘤乏氧细胞再氧合示意图

再氧合对临床放射治疗具有重要意义，只要用一个较长时间的多分次放射治疗，可能有效地解决人体肿瘤内任何乏氧细胞。

第三节　肿瘤组织对辐射后的反应

一、肿瘤局部控制

（一）辐射对肿瘤组织的影响

由于正常细胞群和肿瘤细胞群在增殖动力学上的差异，以及它们在恢复能力上、结构特点上的不同，它们对辐射反应不同。也就是说，射线可以对它们产生不同的影响和损伤，并且可以通过不同影响因素扩大损伤的差距。肿瘤细胞对辐射反应的特点及其与正常细胞的差异，是提高肿瘤临床放射治疗效果的基础。二者的差异主要表现在以下几个方面：①正常组织照射后细胞增殖周期的恢复较肿瘤组织快；而肿瘤组织由于乏氧，在照射后会出现亚致死性损伤，肿瘤细胞多停留于 G_2 期，以利于损伤的修复；②肿瘤细胞群中可能出现暂时的加速生长，但是这种生长速度慢于正常组织为填补损伤而出现的增殖速度；③肿瘤细胞群中处于细胞周期的细胞比较多，对射线较正常组织敏感，容易出现致死性损伤，其他形式的损伤也较正常组织多。

（二）肿瘤的剂量-效应曲线

肿瘤受照后，其存活曲线具有双向性，成“S”形，曲线第 1 相的存活率主要与肿瘤的有氧细胞有关，第 2 相与乏氧细胞有关（图 3-8），表明有氧细胞的放射敏感性比乏氧细胞强。肿瘤细胞体内照射的存活率可用下列公式（式 3-5）表示：

$$存活率=\frac{肿瘤中的细胞总数}{有氧细胞存活数+乏氧细胞存活数} \qquad (式 3-5)$$

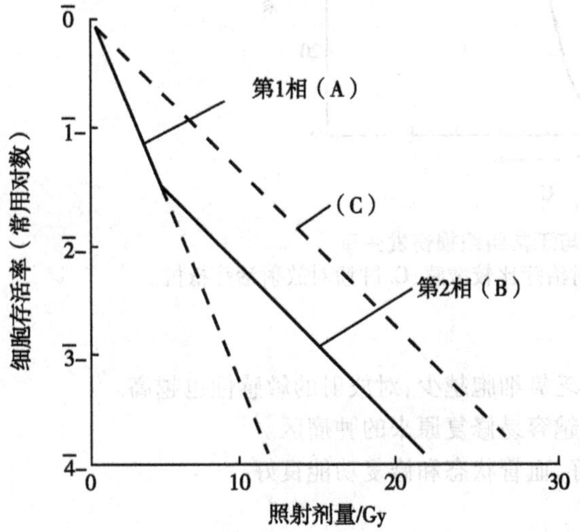

图 3-8　WHT/Ht 小鼠鳞状上皮癌的存活曲线

如果动物处于完全乏氧状态下（呼吸停止后）进行照射，此时得到的存活曲线就是图 3-8 中的 C 线。这种状态下所有的肿瘤细胞均处于乏氧状态，这些细胞的敏感性也一致，所以存活曲线不再出现双向性。

放射治疗主要是利用放射线对各种组织器官的正常细胞群体和肿瘤细胞群体不同损伤和不同修复能力的差别来治疗的，也就是在正常组织能够耐受的条件下，最大限度地杀灭肿瘤细胞。肿瘤和正常组织均有一个“S”形的剂量-效应曲线，即在较小剂量时无致死效应，随着剂量的增高，致死效应迅速增大；在肿瘤致死效应约 80%～90% 处的照射剂量能够使肿瘤细胞全部被消灭，该剂量点以上，剂量显著增大而致死效应只略微增高。有学者用肿瘤控制和正常组织并发症在同一坐标内作图，有利的一种情况是这两条曲线之间有一比较宽的治疗窗（图 3-9）。

（三）肿瘤组织的放射敏感性

1. 肿瘤种类

（1）病理类型：①高度敏感性肿瘤，肿瘤被消灭，正常组织损伤很轻，恶性淋巴瘤、白血病、霍奇金病、骨髓瘤、髓母细胞瘤、精原细胞瘤、横纹肌肉瘤、肾母细胞瘤及其他未分化型肿瘤属于此类，肿瘤致死量大约为 20～35Gy；②中度敏感性肿瘤，肿瘤被消灭，正常组织损伤较重，但可恢复或不严重影响功能，如基底细胞癌、鳞状上皮癌、子宫癌或乳腺癌和脑胶质瘤，肿瘤致死量大约为 50～70Gy；③低度敏感性肿瘤，对放射无明显效应的骨肉瘤、某些软组织肉瘤、大多数神经系肿瘤等。

（2）病理分级：放射敏感性与分化程度成反比，与细胞的生长速度成正比。

（3）间质情况：对于同一病理类型、同一级的肿瘤，还要看其间质情况，如间质内含血管多的要比含纤维多的放射敏感性高。

笔记

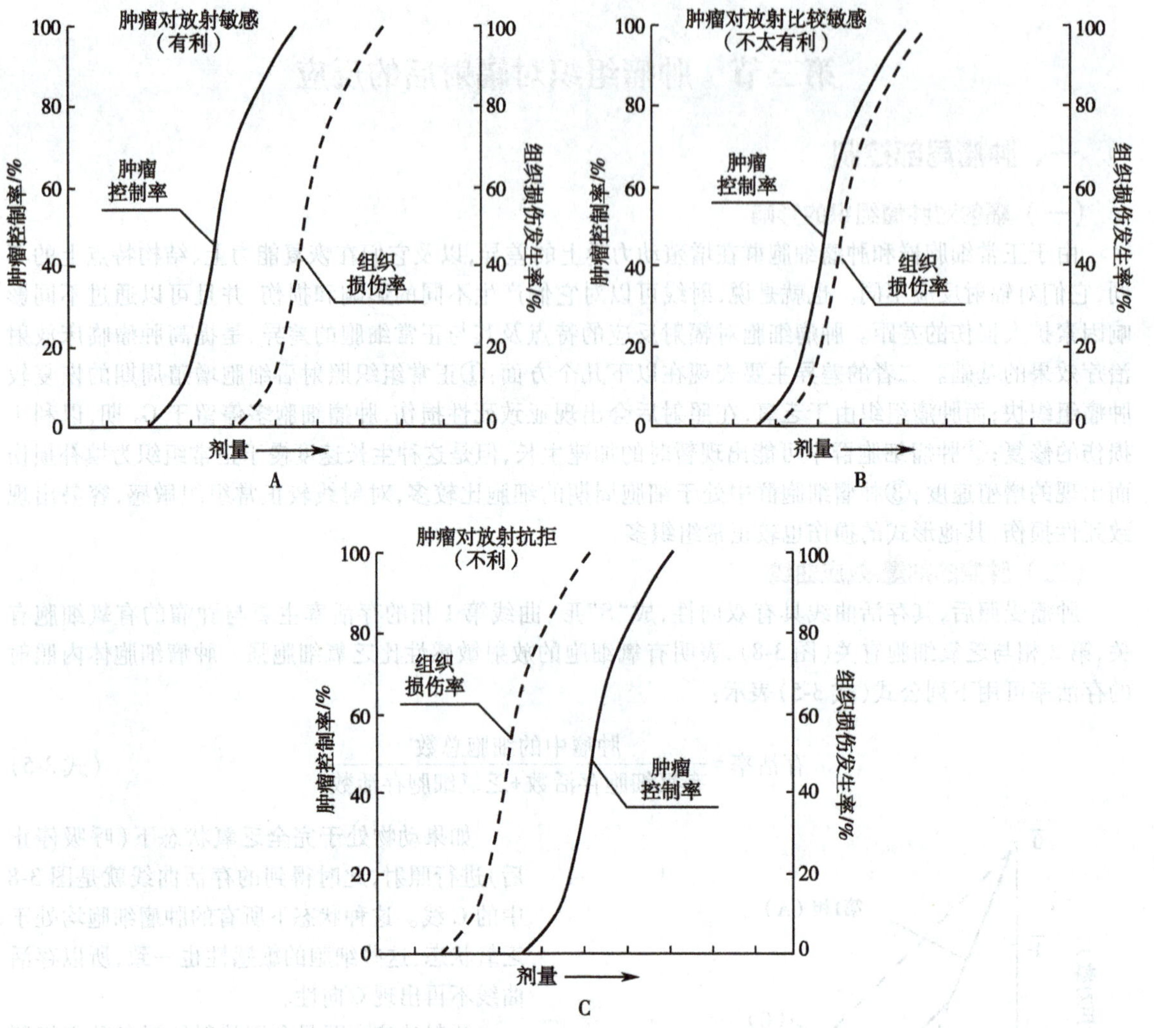

图 3-9　肿瘤控制率与正常组织损伤发生率

A. 肿瘤对放射治疗敏感；B. 肿瘤对放射治疗比较敏感；C. 肿瘤对放射治疗抵抗。

2. 病期的早晚及肿瘤大小

(1) 早期病变的瘤体一般较小，瘤体越小，含乏氧细胞越少，对放射的敏感性也越高。

(2) 肿瘤小时，使用的照射就越小，正常组织越容易修复原来的肿瘤区。

(3) 早期病变对全身的影响较小，体质状况好，血管状态和修复功能良好。

(4) 早期病变的转移机会较小。

3. 以往治疗情况　手术、放疗可使瘤床纤维化，乏氧细胞增多，在此基础上的复发性肿瘤放射敏感性较差。

4. 全身及局部情况　晚期肿瘤引起严重恶液质或并发严重慢性疾病，可使病人的机体代谢出现紊乱，严重的贫血，使肿瘤的放射敏感性下降。局部炎性水肿和瘢痕基础上发生的癌肿放射敏感性差。

5. 瘤床情况　瘤床血运好的部位，肿瘤放射敏感性高，反之，如瘤床为脂肪组织者则放射敏感性差。另外，瘤床为修复能力差的组织（如肺癌、上颌窦癌），放射治疗疗效也差。

6. 肿瘤外观形态　肿瘤放射敏感性从高到低，按其形态依次为菜花外生型、结节外生型、溃疡型、浸润型和皲裂型，这些与瘤床的供血供氧有关。

二、肿瘤退缩

为了确定肿瘤的退缩，需要在一定的时间点比较治疗前后肿瘤的体积。肿瘤退缩的程度取决于射线对肿瘤中所有细胞群体的效应，包括恶性和非恶性细胞，例如内皮细胞、成纤维细胞以及炎性细

笔记

胞。另外，其他因素如水肿、死亡细胞的吸收和活细胞的增殖都会影响照射后肿瘤的体积，这些因素在不同的肿瘤中都存在差异。肿瘤细胞的杀伤是剂量依赖性的，而吸收、水肿和增殖对剂量没有依赖。随着剂量的增加，退缩也会增加。

三、肿瘤退缩延迟

肿瘤是否退缩的主要观察指标是肿瘤达到某一特定体积时所需要的时间，因此必须准确地测量肿瘤的体积。一般采用的方法是通过卡尺测量皮下生长肿瘤或用影像学测定深部肿瘤。

（一）分析评价肿瘤照射后的生长反应指标

图 3-10 的实验中，一组作为对照组，另一组实验组，然后在不同的时间点测量各组中每个肿瘤的直径，计算肿瘤的体积。以照射当天为零，由计算机软件计算出该对照组和实验组中每个肿瘤大小和平均生长天数的关系，以达到特定大小的时间为横坐标，肿瘤大小为纵坐标绘制肿瘤生长曲线（tumor growth curve）。

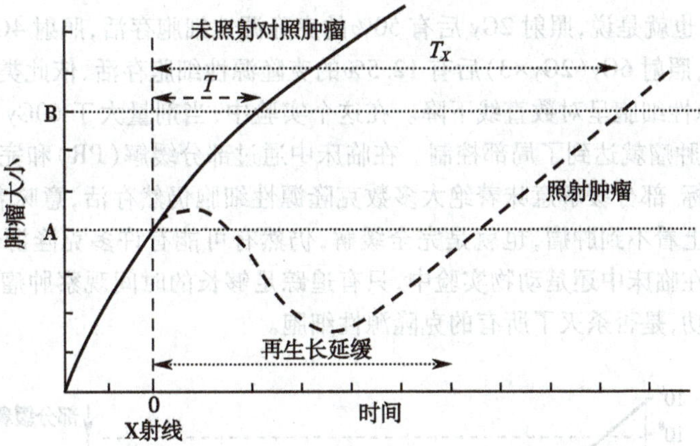

图 3-10　肿瘤在单次 X 射线照射后的生长曲线示意图

从图 3-10 中可以看出，未接受照射肿瘤的体积会随着时间的延长持续增大（实线），而在肿瘤接受照射后（虚线）的初期，肿瘤体积增大，然后缩小，之后，随着治疗时间的延长，肿瘤又以比照射前慢的速率再增殖（此时的再增殖曲线比较照射前的生长曲线平缓），因而可以根据生长曲线从以下指标分析、评价肿瘤接受照射后的生长反应：

1. 生长速率（growth rate）　是在不同时间测量所得的平均肿瘤体积与照射前肿瘤体积之比。通过观察肿瘤生长速率的变化，可以评价实体瘤对某种处理方案的反应，这也是最简单、常用的终点指标。

2. 再生长延缓（regrowth delay）　是指肿瘤在受照射后再生长到照射开始时的大小所需的时间，适用于受照后有明显缩小的肿瘤。

3. 生长延缓　是指受照射肿瘤从接受照射时大小生长到某一特定大小所需的时间（T_X），并以此与对照组所需时间（T）相比较，适用于受照后不明显缩小的肿瘤。肿瘤生长延迟时间 $=T_X-T$。

（二）肿瘤的退缩与肿瘤细胞数量的关系

照射后肿瘤的退缩取决于肿瘤细胞数量的变化：①非活性克隆源细胞的比例，这种细胞已经丧失其无限繁殖的能力。②非活性细胞的消除速度，在受照射的肿瘤内，很少能看到核固缩细胞、失去活性的细胞；处于分裂周期的细胞或者在第一次分裂时的细胞通常被清除，一般是在中等剂量下经过 2~3 次分裂后被清除；而静止期的细胞则能够在肿瘤内相当长时间保持形态不变；非活性细胞肿瘤细胞被清除前的延迟时间可能是相当长的（几个星期或几个月），特别是在不经常有丝分裂（生长比例小）和细胞很长时间不进入分裂时相的肿瘤内。③存活的活性细胞的增殖率，在分裂前的阻断持续几天后，活性细胞再次开始分裂，此时处于静止状态的细胞进入细胞周期，即使存活细胞的比例很小，只要肿瘤细胞的倍增时间短，就能产生大量的子细胞，当细胞增殖率大于非活性细胞的清除率时，肿瘤又开始生长。在细胞增殖很快的肿瘤内，非活性细胞很快被清除，而细胞增殖较慢的肿瘤内，非活性细胞的清除也慢。

肿瘤的体积还受一些其他组成的影响：①组织间的体液，即使肿瘤细胞数是恒定的或者在逐渐下降，水肿也可以引起肿瘤体积的增加；②非恶性细胞，在某些肿瘤内，非肿瘤细胞（淋巴细胞、巨噬细胞等）的比例是所有细胞数的30%或更多。实验证明，肿瘤受照射后，这些细胞数量有相当程度的增加，从而掩盖了肿瘤细胞数的减少，甚至导致肿瘤体积的增加。

四、肿瘤克隆源性细胞存活

放疗在杀伤肿瘤克隆源性细胞方面是十分有效的，并且通过临床和实验室的研究确定了照射剂量、克隆源性细胞的杀灭以及肿瘤局部控制率之间的定量关系。在分次照射实验中证实，存活的肿瘤克隆源性细胞的对数值与照射剂量呈线性关系。如果放射剂量足够大，杀伤了能够引起复发的所有肿瘤细胞，这时就取得了肿瘤的局部控制。图3-11显示了肿瘤模型的分次照射中理论上的克隆源性细胞的存活曲线。此时肿瘤的直径约为3cm，有10%的克隆源细胞比例，包括10^{10}个肿瘤细胞，即此肿瘤包括了10^9个克隆源性细胞。假设这个肿瘤是一个中度放射敏感的肿瘤，每次照射2Gy可以杀灭50%的克隆源性细胞，也就是说，照射2Gy后有50%的克隆源性细胞存活，照射4Gy（2Gy×2）后有25%的克隆源性细胞存活，照射6Gy（2Gy×3）后有12.5%的克隆源性细胞存活，依此类推。这样，随着剂量的增加，存活的克隆源性细胞呈对数直线下降。在这个实验中，当剂量大于60Gy时，肿瘤中的克隆源性细胞将小于1，这样肿瘤就达到了局部控制。在临床中通过部分缓解（PR）和完全缓解（CR）作为评估放疗效果的观察指标，部分缓解意味着绝大多数克隆源性细胞仍然存活，意味着治疗完全失败。即使在临床中的影像学上看不到肿瘤，也就是完全缓解，仍然有可能有许多克隆源性细胞存活，最终导致肿瘤的复发。无论在临床中还是动物实验中，只有追踪足够长的时间观察肿瘤是否再生长，才能准确地确认治疗是否成功，是否杀灭了所有的克隆源性细胞。

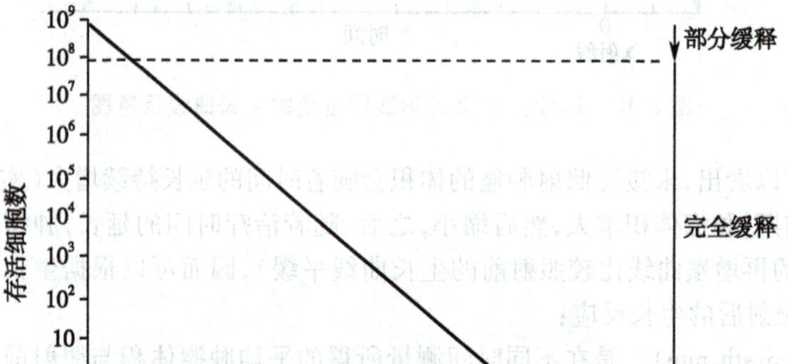

图3-11 克隆源性细胞的存活、照射剂量以及检测肿瘤效应不同观察指标之间的关系

注：假设一个肿瘤中包括10^9个克隆源性细胞，照射2Gy后存活百分比为50%。

第四节 影响肿瘤组织对放疗敏感性的因素

半个多世纪的临床经验证明，人类肿瘤的放射敏感性存在很大的差异，对同一类型肿瘤的不同个体之间是如此，不同组织类型肿瘤之间更是如此。虽然学者曾经提出过各种衡量肿瘤放射敏感性的标准，但尚未有被公认的。但是有一点是很清楚的，有些肿瘤，如结肠癌的放射敏感性非常低，单用放射治疗控制肿瘤的可能性极小；而另外一些肿瘤，如淋巴瘤和精原细胞瘤则对放射治疗非常敏感，用相对较低的照射剂量就能够控制肿瘤。

笔记

影响肿瘤放射敏感性差别的因素较多，主要的因素是乏氧细胞在肿瘤内的比例变化或放射治疗分次照射之间肿瘤再氧合速度的差别，这在本章的第二节中已经讨论过了。然而在任何情况下，氧效

应都不足以解释临床中所见的所有差异,因而还应当考虑以下一些影响因素:

一、再修复

肿瘤的放射敏感性应该关注亚致死性损伤的再修复以及潜在致死性损伤的再修复。

(一)亚致死性损伤的再修复

亚致死损伤修复(sublethal damage repair,SLDR)是指细胞接受辐射能量后所发生的损伤不足以使细胞致死,如果损伤积累起来,就可以引起细胞死亡,但若给予足够的时间,则细胞有可能对这种损伤进行修复。氧合状态差的细胞对 SLDR 能力也比较差,未增殖的细胞几乎没有 SLDR。SLDR 的速度一般为 30min 到数小时,其在不同的细胞系也是不同的,这就可以解释高剂量率(1Gy/min)照射后的放射敏感性细胞和低剂量率照射后的细胞存活有差别的现象。从单细胞悬液或用细胞球体照射后细胞存活的差别证实,细胞间接触作用对 SLDR 也是很重要的。因而可以解释某些正常细胞系具有特殊的放射敏感性是由于缺乏细胞间的连接而导致的。例如,造血干细胞及某些血液系统来源的恶性细胞(白血病和淋巴瘤等)的放射敏感性。

(二)潜在致死性损伤的再修复

潜在致死损伤修复(potentially lethal damage repair,PLDR)是指细胞接受特定剂量照射后的损伤能够修复。肿瘤的 PLDR 能力较强是放射抵抗的另一个原因。在实验中发现,在较大的肿瘤中,可以观察到 PLDR,在每次 2Gy 照射后,PLDR 很少,但并不是零,特别是在生长缓慢的肿瘤内大部分细胞是静止细胞。因此,PLDR 可以解释一些肿瘤,如恶性黑色素瘤、胶质母细胞瘤和骨髓肉瘤等的放射抵抗性,以及 PLDR 是某些组织类型肿瘤不同个体之间放射敏感性差异的因素之一。

PLDR 在正常组织细胞中比在肿瘤细胞内更重要,这是分次放疗的理论依据。正常组织细胞与肿瘤细胞 PLDR 的差别可能是由于在正常组织中有较大比例的静止的克隆源性细胞。在正常组织中细胞间的接触抑制增殖的作用比在肿瘤中更加有力。

(三)肿瘤的体积与再修复

PLDR 对有大量静止细胞的肿瘤很重要。当肿瘤体积增加时,生长比例下降,因而体积大的肿瘤比体积小的肿瘤有较多的 PLDR(图 3-12)。

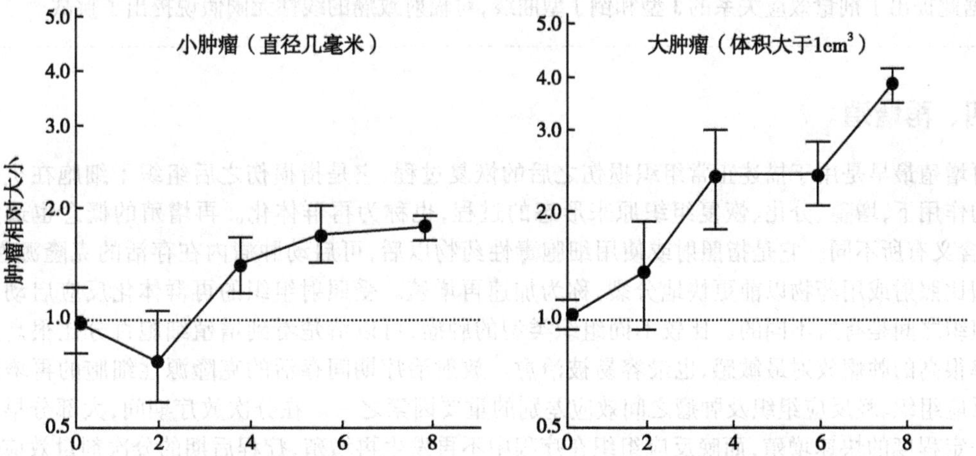

图 3-12 NCTC 肿瘤(小鼠纤维肉瘤)潜在致死性损伤的修复

静止期的细胞与处于增殖周期内的细胞相比,对射线有更强的抗性。因此,体积非常小的肿瘤(几毫米直径)细胞存活曲线的斜率与同一肿瘤长到 $1cm^3$ 的体积的斜率一样陡。实验显示,当肿瘤体积从 $5mm^3$ 长到 $500mm^3$,它的 D_0 值从 0.89Gy 增到 1.1Gy。在体积小的肿瘤内静止细胞的比例较小,放射敏感性较强。随着肿瘤的增大,静止细胞也增多,而那些静止细胞多处于血运不好、无氧和营养不好的区域,这也是导致体积较大肿瘤放射抵抗的另一个因素。

二、再分布

肿瘤照射的敏感性与细胞周期运动中所处时相有关，放射后细胞周期将重新分布，这是分次照射杀灭肿瘤的两大有利条件之一。细胞周期的再分布也称为同步化，即细胞选择性地分布在一定的细胞周期内。一次照射往往损伤处于 G_2 期和 M 期的细胞，而处于 G_0 期和 S 期的细胞对放射相对不敏感，不受影响或很少受到影响。未受到影响的细胞会继续按照细胞的分裂周期向前发展，其中一些又会进入 G_2 期、M 期。为了补充受到损伤的细胞，原来处于静止状态的处于细胞周期外的 G_0 期细胞，也会重新进入细胞周期参与分裂。此外，受到照射的细胞会出现分裂延迟，而且延迟时间会随着细胞周期时相变化而变化，接近分裂的细胞延迟时间比较长，特别是 G_2 期，这样就会导致细胞在 G_2 期的堆积。一般认为，分次放射治疗中存在着处于相对抵抗时相的细胞向放射敏感时相移动的再分布现象，这有助于提高放射线对肿瘤细胞的杀伤效果，同时有利于杀伤 G_2 期和 M 期的细胞。细胞周期不同时相中的细胞分布受细胞增殖速度的影响，鉴于细胞在细胞周期不同时相的敏感性是变化的，从而影响放射敏感性。

在放射治疗中，有活性的克隆源性细胞的再分布是重要的。再分布可以影响早反应正常组织和肿瘤组织的放射敏感性，但是晚反应组织在分割照射时几乎没有细胞周期的再分布，因而也就不存在分布导致的自我增敏现象。

三、再氧合

具体内容见本章的第二节。

名人故事

刘树铮

刘树铮是我国著名放射生物学家，从事医学教育与研究 55 年，创建了我国高校第一个放射生物学教研室，国内第一个放射医学博士学位授权点和原国家卫生部放射生物学重点实验室，研究方向为电离辐射影响机体防卫适应功能的规律和机制，获得了系统的科学资料，充实和发展了低剂量辐射兴奋效应学说，以大量的实验数据充分证明低剂量电离辐射可引起不同于高剂量辐射的生物效应，据此提出了剂量效应关系的 J 型和倒 J 型曲线，对辐射致癌的线性无阈假说提出了挑战。

四、再增殖

再增殖最早是用于描述正常组织损伤之后的恢复过程，它是指损伤之后组织干细胞在机体调节机制的作用下，增殖、分化、恢复组织原来形态的过程，也称为再群体化。再增殖的概念也适用于肿瘤，但含义有所不同。它是指照射或使用细胞毒性药物以后，可启动肿瘤内在存活的克隆源性细胞，使肿瘤比照射或用药物以前更快地分裂，称为加速再增殖。受照射组织的再群体化反应启动时间在不同组织之间是有所不同的。比较不同组织类型的肿瘤，可以清楚看到增殖细胞百分比很高及细胞丢失率很高的肿瘤放射最敏感，也最容易被治愈。放射治疗期间存活的克隆源性细胞的再增殖是造成早反应组织、晚反应组织及肿瘤之间效应差别的重要因素之一。在分次放疗期间，大部分早反应组织有一定程度的快速增殖，而晚反应组织在疗程中不再发生再增殖，疗程后期的分次剂量效应将由于肿瘤内存活干细胞已经启动进入快速再增殖而受到减弱。

人类肿瘤内克隆源性细胞比例尚不清楚。用离体克隆以及种植于裸鼠的方法揭示人克隆源性细胞比例为 0.1%左右。单次照射皮肤肿瘤的疗效评估表明，肿瘤直径 3～4cm，一次性照射治愈 50%肿瘤的剂量是 22Gy；对于肿瘤直径小于 1cm 的肿瘤，治愈 50%肿瘤的剂量是 18.2Gy。产生皮肤坏死的剂量为 24.5Gy。基于以上试验结果并结合其他资料表明，克隆源性细胞的 D_0 值是 0.8～1.3Gy，外推系数在 5～10Gy 之间，α/β 值等于 13Gy。因此可以得出结论：克隆源性细胞比例不大于 0.1%。

五、宿主和肿瘤之间的关系

笔记

按照免疫监视理论，机体能够识别外来的肿瘤细胞并用 T 细胞进行攻击。这个理论表明，并不需要杀死所有的肿瘤细胞，如果免疫起作用就可以消灭残存的肿瘤细胞。移植性肿瘤的研究证实，移植性肿瘤的免疫学特征与其宿主非常不同，因此激起了受体动物的免疫反应。在临床中也有通过免疫治疗成功地治愈某些类型的人类肿瘤，进而证明人体也有选择性摧毁肿瘤细胞的免疫机制。

本章小结

1. 肿瘤生长比例和细胞周期时间、潜在倍增时间、肿瘤中的细胞丢失。
2. 细胞周期时间各时相的测定。
3. 肿瘤微环境、肿瘤乏氧微环境的形成机制，组织氧合、乏氧细胞再氧合的概念及其临床意义。
4. 乏氧与肿瘤恶性程度的关系。
5. 肿瘤的剂量-效应曲线、肿瘤放射敏感种类、生长速率、再生长延缓、生长延缓。
6. 评价肿瘤照射后的生长反应指标（难点）。
7. 潜在致死性损伤的修复、亚致死性损伤的修复、再分布、再增殖。

（王宗霞　张光贵）

0302

扫一扫，测一测

思考题

1. 什么是肿瘤微环境，肿瘤乏氧微环境的形成机制包括哪些？
2. 肿瘤细胞群与正常细胞群对辐射反应的差异是什么？
3. 潜在致死性损伤修复与亚致死性损伤修复的异同是什么？

笔记

第四章 放射治疗的时间剂量分割模式

学习目标

1. 掌握：常用的生物数学公式的计算；常规分割照射的生物学基础。
2. 熟悉：线性二次方程的生物学意义；非常规分割照射的生物学基础。
3. 了解：生物剂量等效换算的数学模型。

第一节 线性二次方程的生物学意义

时间剂量因子问题是肿瘤放疗治疗学中一个古老且到目前为止仍未能得到很好解决的理论和实践问题，它的根本目的是为了实现提高肿瘤的放射治疗比，探索和构建合适的生物数学模型来平衡和评估临床所用的放疗模式，以期达到最佳的剂量分割方案选择。这个问题也一直是临床放射生物学家的主要研究对象，1965 年 Ellis 提出标称标准剂量（nominal standard dose，NSD）概念。后来 Orton 提出简便可行的 TDF 体系，把“部分耐受剂量”的概念引入到 NSD 的体系中，使之更加具体和切实可行。但是过去所采用的 NSD 以及进一步发展的 TDF 和累积放射效应（cummulative radiation effect，CRE）等生物数学模型、数学模型的基础数据多来自一些早反应组织，而晚反应组织比早反应组织对分次剂量和总剂量之间的关系更为敏感，因此公式中 N 和 T 等指数不适用于晚反应组织。以 Fowler 等为代表的放射生物学家们开展了放疗中时间、剂量、分割方式相互关系的研究，提出了著名的 LQ 模型（linear quadratic formula），LQ 模型考虑了不同组织损伤修复的差别，可以在一定程度上反映早、晚反应组织的辐射生物效应。

一、线性二次方程的历史演变

Sax 等在 1939—1941 年用紫鸭跖草进行辐射诱发染色体畸变的研究，结果发现辐射会引起染色体单臂的断裂，并且染色体单臂的断裂是由单击引起的，其断裂频率与辐射剂量成正比。在这些染色体单臂的断裂中，有些保持断裂状态从而产生缺失，有些断裂可经重接而恢复和愈合，而有些成对的断裂可相互作用产生新的互换型畸变，预期互换型畸变与辐射剂量的平方成正比。进一步的研究表明：如用 X 射线等稀疏电离辐射，参与产生互换的两个染色单体断裂很少能被单击事件诱导，而用较强的电离辐射时，多数两个染色体的单体断裂可被诱发，因此 Lea 和 Catcheside 于 1942 年提出，对于互换型畸变的产率用线性二次方程关系式（式 4-1）表述更为确切。

$$Y=ad+bd \qquad （式 4-1）$$

式中 a 代表单击成分，b 代表双击成分，d 是照射剂量。现代放射生物学的分子理论认为，在对真核细胞生物效应有意义的剂量范围内，辐射引起的 DNA 损伤有 3 种，即碱基损伤、单链断裂和双链断

笔记

裂,其中电离辐射所致的双链断裂是细胞染色体畸变及致死效应的基础(图 4-1)。1971 年 Chadwick 等在研究辐射对物质的原发效应时,将辐射的生物效应(如增殖性死亡)与细胞内的基本分子损伤联系起来分析细胞存活与剂量的关系,结果显示大多数实验数据都符合线性二次方程(Sinclair 于 1966 年也发现此规律),从而得出这样的结论:DNA 分子中的双链断裂可能是基本的分子损伤,双链断裂破坏了 DNA 的分子结构及遗传学完整性,因此是最关键的细胞辐射损伤。细胞存活的剂量率效应可用 DNA 单链断裂的修复(已有充分实验证据证明 DNA 单链断裂可以修复)来解释,不同类型射线(高/低 LET)的效应可用径迹电离密度能影响同时作用 DNA 两条链的概率来解释。根据上述考虑,Chadwick 和 Leenhouts 于 1973 年建立了一个将 DNA 双链断裂数与细胞存活联系起来的数学模型——LQ 模型(式 4-2),单次剂量 d 的效应(细胞杀灭)可写作:

$$SF=\exp(-\alpha D-\beta D^2)$$

$$\text{或}\quad E=\alpha d+\beta d^2 \qquad \text{(式 4-2)}$$

当这两种生物效应发生的概率相等,即 $\alpha d=\beta d^2$ 时,则有 $\alpha/\beta=d$(Gy)。某一种组织的 α/β 值表示当放射线照射此组织后产生的单击生物效应与双击生物效应相等时所需单次照射的放射线剂量的大小。对于分割剂量为 d 的 n 次放射线照射后所产生的总放射生物效应则为(式 4-3):

$$E\text{总}=n(\alpha d+\beta d^2) \qquad \text{(式 4-3)}$$

在平面直角坐标系中,α/β 值的简易直观求法是以坐标纵轴为总照射剂量 D 的倒数,横轴为每次照射剂量 d,则放射等效线的延长线与横轴交点至坐标零点之间的距离即为 α/β 值。

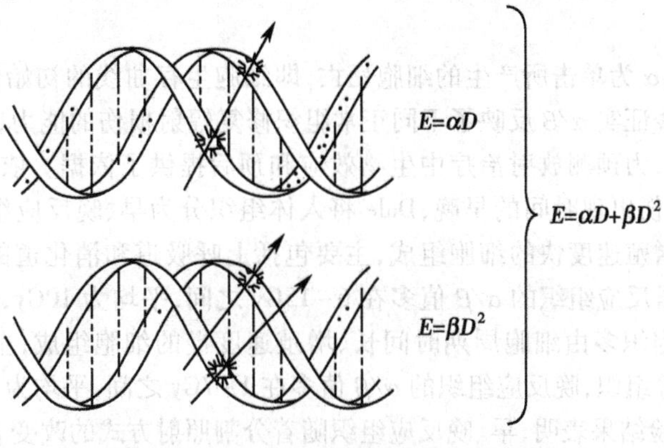

图 4-1 电离辐射所致的双链断裂方式

二、LQ 模式的细胞存活基础

1956 年 Puck 和 Marcus 发表了第一条哺乳动物体外培养细胞的放射存活曲线(图 4-2),该曲线给出了细胞存活分数与照射剂量的定量关系,在达到 3Gy 剂量前曲线存在一个肩区。这个肩区的存在原因还不是很清楚,有两个可能的原因可以解释这个现象:①损伤修复过程随着剂量的增加越来越弱,损伤累积的速度大于修复的速度,或是损伤修复系统达到饱和,或者损伤修复系统本身对射线敏感;②当大剂量在很近的范围内叠加,则损伤难以修复,出现累积杀伤效应。

在 Chadwick 和 Leenhouts 的 LQ 模型中纳入了若干参数来考虑与辐射效应有关的物理、物化、化学及生物学过程,他们认为,任何一种理论模型都是对一些实验观察后所形成的一般性描述,即使最复杂的理论也只是真实情况的简化。在建立辐射分子理论模型时,以实验可观察到的和可明确确定的分子损伤为基础,应用公式对辐射效应作出数学描述,使得模型具有可靠的生物学基础,并尽量避免使用生物学意义不清而实验又不能测定或难以想象的抽象数学概念。模型的主要原理如下:

1. 假定携带遗传信息的核 DNA 分子的完整性是细胞正常增殖所必需。
2. 细胞 DNA 的双链断裂完全破坏了分子的完整性,是辐射所致的最关键损伤。
3. 各种生物学终点指标可与细胞 DNA 双链断裂相关联。
4. 生物效应的严重程度与每个细胞发生并留存的 DNA 双链断裂的均数成比例。

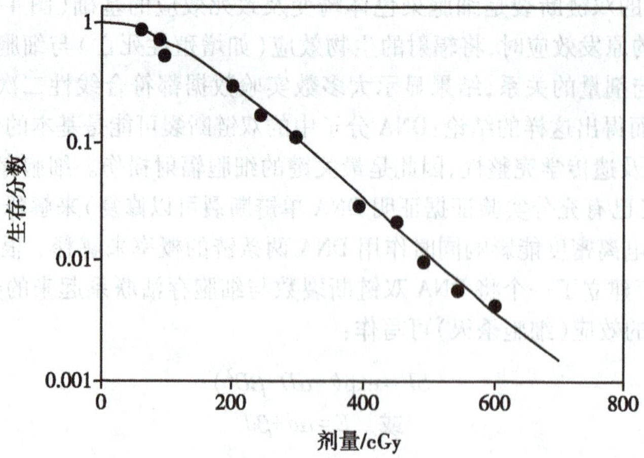

图 4-2 Puck 和 Marcus 于 1956 年发表的第一条哺乳动物体外培养细胞的放射存活曲线

5. 辐射诱发的细胞 DNA 双链断裂数依赖于能量沉积与转移的物理、物化及化学过程，也依赖于照射当时与 DNA 结构及化学环境有关的自由基竞争。

6. 保持有效的细胞 DNA 双链断裂数取决于 DNA 损伤的生化修复，而这种修复的效率是受照射当时以及照射后的代谢状况所控制的。

三、α/β 值

根据公式（式 4-3），α 为单击所产生的细胞死亡，即细胞生存曲线的初始斜率，β 是由于损伤累积而导致的细胞死亡，实践证实 α/β 反映了不同正常组织修复辐射损伤的能力，较好地解释了肿瘤组织与正常组织反应的差别，为预测放射治疗中生物效应和预后提供了依据。依据不同组织细胞经放射线照射后发生放射性损伤出现时间的早晚，Dale 将人体组织分为早、晚反应组织两大类，早反应组织多由细胞周期时间短、增殖速度快的细胞组成，主要包括上呼吸道和消化道的黏膜、睾丸、脾脏，皮肤以及大部分肿瘤组织，早反应组织的 α/β 值多在 6～15Gy 之间，平均为 10Gy，肿瘤组织的 α/β 值大部分在 9～30Gy。晚反应组织多由细胞周期时间长、增殖速度慢的细胞组成，主要包括中枢神经系统、肺、肝、肾、血管和膀胱等组织，晚反应组织的 α/β 值多在 1～7Gy 之间，平均为 3Gy。

Marks 和 Dyk 的实验结果表明，早、晚反应组织随着分割照射方式的改变有着不同的反应，早反应组织的放射性损伤可出现于单次照射后数天之内或分割照射的疗程之中，其细胞群体在照射期间或照射后很短的时间内即会发生克隆源性细胞的补偿性再增殖，从而部分地抵消了照射剂量对细胞的杀伤效应，因此延长治疗总时间则会降低肿瘤的放射治疗比。晚反应组织的放射性损伤可出现于放疗结束数月甚至更长的时间之后，其细胞群体发生的增殖非常缓慢，以致在数月或更长的时间内不能发生补偿性增殖，故治疗时间的长短并不影响晚期反应的程度。由于晚反应组织的 α/β 值比早反应组织要小得多，所以当分割剂量减小、照射次数增加时，对晚反应组织有更大的保护作用，而当分割剂量增大、照射次数减少时，晚反应组织的放射耐受量便迅速下降，晚期反应加重，而早期反应的变化只有很少甚至基本上没有。可见晚反应组织对分割剂量的改变比早反应组织更为敏感。

第二节 分割照射的生物学基础

一、常规分割照射的生物学基础

所谓“常规分割照射”是指目前临床上最常用的一种治疗方案：1.8～2.0Gy 每天照射一次；每周 5 次；总剂量为 50～70Gy。这个治疗方案的确立完全是按照临床放射生物学中的“4R”概念来指导临床实践的。“4R”概念是理解肿瘤放射治疗反应，特别是分次放射治疗生物学原理的重要环节，也是不同放射治疗分割方式进行剂量计算的理论基础。“4R”概念包括细胞放射损伤的修复、细胞周期的再分

笔记

布、乏氧细胞的再氧合以及再群体化（详细内容见第三章）。

（一）细胞放射损伤的修复在临床上的意义

1. 细胞修复的形式　在细胞受照射后会产生损伤，这些损伤的结局主要有三种形式：①亚致死性损伤修复（指假如将某一给定单次照射剂量分成间隔一定时间的两次时所观察到的存活细胞增加的现象）；②潜在致死性损伤的修复（指照射以后改变细胞的环境条件，因潜在致死损伤的修复或表达而影响给定剂量照射后细胞存活比例的现象）；③致死性损伤（指受照射后细胞完全丧失了分裂繁殖能力，是一种不可修复，不可逆和不能弥补的损伤）。正常细胞和肿瘤细胞都会出现上述的情况。

2. 常规分割照射在细胞修复中的作用　常规分割照射的治疗方案在临床上的应用完全是针对那些对放射线高度或中度敏感的肿瘤而设计的，在分次治疗的间隔期间，正常细胞可以得到完全或大部分修复，而肿瘤细胞只能得到小部分修复或得到致死性损伤，通过时间的积累来达到肿瘤细胞完全消灭的临床疗效。

（二）细胞再分布的临床意义

离体培养细胞实验表明，处于不同周期时相的细胞放射敏感性是不同的，细胞的放射敏感性随他们在周期内所处的时相不同而不同。在实验室已用大量的细胞系研究了这种现象，总的倾向是处于S期的细胞（特别是晚S期）对放射是最耐受的，处于G_2和M期的细胞是对放射最敏感的。可能的原因是，G_2期细胞在分裂前没有充足的时间修复放射损伤。一般认为，分次放射治疗中存在着处于相对放射抵抗时相的细胞向放射敏感时相移动的再分布现象，这有助于提高放射线对肿瘤细胞的杀伤效果；但如果未能进行有效的细胞周期内时相的再分布，则也可能成为放射抵抗的机制之一。

（三）乏氧细胞的再氧合的临床意义

早期的研究发现，细胞对电离辐射的效应强烈地依赖于氧的存在，人们把氧在放射线和生物体相互作用中所起的影响称为氧效应，把在乏氧及空气情况下达到相等生物效应所需的照射剂量之比叫作氧增强比（oxygen enhancement ratio，OER），通常用OER来衡量不同射线氧效应的大小。氧效应的机制尚不完全清楚，比较公认的理论是“氧固定假说（oxygen fixation hypothesis）”，即当带电粒子穿过生物物质时产生许多电子对，这些电子对寿命极短，约为10^{-10}s，当生物物质吸收了放射线以后形成自由基。这些自由基是高活度分子，能击断化学键造成靶分子的损伤（通常是DNA），从而启动一系列事件并最终以损伤的形式表达出来。在有氧存在的情况下，氧与自由基R′作用形成有机过氧基（RO_2），并最终在靶分子上形成ROOH，它是靶物质的不可逆形式，于是损伤被化学固定下来，因此认为氧对放射的损伤起了“固定”作用，称之为“氧固定假说”。

研究表明，直径<1mm的肿瘤是充分氧合的。直径超过这个大小便会出现乏氧。如果用大剂量单次照射肿瘤，肿瘤内大多数放射敏感、氧合好的细胞将被杀死，剩下的那些活细胞是乏氧的。因此，照射后即刻的乏氧分数将会接近100%，然后逐渐下降并接近初始值，这种现象称为再氧合。再氧合对临床放射治疗具有重要意义：在疗程后期，乏氧细胞群体的效应将占重要地位，如果分次间有再氧合发生则放射对初始乏氧细胞的杀灭将会增大，从而使乏氧细胞的负面效应减少。

（四）再群体化的临床意义

照射或使用细胞毒性药物以后，可启动肿瘤内存活的克隆源细胞，使之比照射或用药以前分裂得更快，这称之为加速再群体化（accelerated repopulation）。值得重视的是，在这段时间里肿瘤还在明显皱缩和消退着，而存活克隆源细胞的分裂数目比以前更多、更快。

受照射组织的再群体化反应的启动时间在不同组织之间有所不同。放射治疗期间存活的克隆源性细胞（clonogenic cell）的再群体化是造成早反应组织、晚反应组织及肿瘤之间效应差别的重要因素之一。在常规分割放疗期间，大部分早反应组织有一定程度的快速再群体化。而晚反应组织由于它的生物学特性一般认为疗程中不发生再群体化。如果疗程太长，疗程后期的分次剂量效应将由于肿瘤内存活干细胞已被启动进入快速再群体化而受到损害。正如Withers在资料中所显示的，头颈部肿瘤在疗程后期（4周左右）出现加速再群体化。因此，从生物学角度来看，根据情况对治疗方案进行时间-剂量的必要调整是可行的。

二、非常规分割照射的生物学基础

分次放射治疗的生物学基本原理是，把一次剂量分成数次可使分次剂量之间正常组织亚致死性

笔记

损伤得以修复,以及在总治疗时间足够长的情况下由于干细胞的再群体化而保护正常组织,但如果总治疗时间太长也会同时损失肿瘤治疗效益,同时还可由于分次照射之间肿瘤细胞的再氧合和再分布而对肿瘤有敏化作用。对于某些具有放射抵抗性的肿瘤来说,详细了解肿瘤和正常组织二者生物学特点的差异,明确肿瘤组织的临床分期和组织类型等特点,选择合适的总剂量、单次剂量、剂量率、每次的时间间隔及全部治疗时间,对达到最高的肿瘤控制率及最低的正常组合中损伤程度是非常必要的。

(一)超分割放射治疗

纯粹的超分割放射治疗可以被定义为:在保持与常规分割方案相同的总治疗时间和总剂量的情况下,每天照射2次。然而在临床实践中,纯粹的超分割放疗往往很难实现,因为如果降低每分次的剂量,可能会增加总剂量,或者因一天照射2次而改变了总治疗时间。超分割放疗的基本目的是进一步分开早反应组织和晚反应组织的效应差别,在早反应相同或轻度增加的情况下进一步减轻晚期反应,而肿瘤的控制效果与常规照射相同或更好。降低单次量,增加分割次数,使得总剂量增加,以达到增加肿瘤细胞致死数量,获得治疗增益;增加分割次数还使得细胞在周期中重新分布,以在M期和G_2期对放射最敏感,在G_1期稍敏感,S期最不敏感,使得更多的细胞进入放射敏感时相,增加肿瘤细胞在下一次照射中的死亡。因为晚反应组织周期再分布慢,在敏感性再分布的结果中会得到较好的肿瘤控制而不增加正常组织的损伤。

每天2~3次照射的超分割照射方法,缩短分次间隔时间,使得亚致死性损伤不能完全修复,并且使得连续分次照射的反应增加,如果肿瘤修复半量时间比正常组织修复半量时间短,就会使治疗比降低。超分割放疗可能使正常组织的反应加重,原因是肿瘤和早反应组织对放射治疗有相似的反应。

每天2次并不是超分割放疗的限制,可把剂量分得更多、更小来进一步减轻晚期损伤,但应使分割剂量处在剂量-效应曲线弯曲部位以上。Withers介绍了转折剂量的概念(flexure dose,*Df*),指在剂量-效应曲线开始出现有意义弯曲的那点上的剂量,在实践中这一转折点是在$0.1\alpha/\beta$值剂量上,即曲线在该组织α/β值的1/10处弯曲。早反应组织的α/β是6~12Gy,晚反应组织的α/β是1~5Gy,因此早反应组织的*Df*是0.6~1.2Gy,晚反应组织是0.1~0.5Gy。

(二)低分割放疗

低分割放疗(hypofractionated radiation therapy,HRT)即增加单次照射剂量,减少每周分割次数。通常为每周3次,每次3.0~5.0Gy,隔日照射。其生物学基础为肿瘤细胞的α/β值较正常组织低时,低分割放疗增加治疗增益,但晚反应组织的损伤明显加重。低分割放疗多用于黑色素瘤、皮肤癌、滑膜肉瘤等的治疗,特别是对那些有病理性骨折危险的骨转移病人,既可达到良好的止痛效果,又可减少病人的搬动。

(三)加速治疗

纯粹加速治疗(accelerated treatment)的定义是:在1/2常规治疗的总时间内,通过一天照射2次或多次的方式,给予与常规相同的总剂量。然而在实践中因急性反应的限制,实现这种治疗是不可能的,必须在治疗期间插入一个休息期或降低剂量。加速分割放射是指每周放射5次以上,每周剂量>10Gy,总疗程缩短。总剂量和分割剂量与常规分割法相同,加速治疗的主要目的是抑制快增殖肿瘤细胞的再群体化,临床试验结果已经证实放疗疗效受肿瘤再增殖的影响,是肿瘤控制失败的主要原因。如果残存肿瘤细胞加速再增殖,其潜在性倍增时间(T_{pot})仅数天,那么,若进行较长时间的常规分割放射,就不可能达到肿瘤局部区域根治的目的,其疗效肯定是差的。若能进行加速分割放射,其疗效可能获得相当大的改善。

(四)全程加速超分割放射治疗

全程加速超分割放射治疗(continuously hyperfractionated accelerated radiation therapy,CHART)是指每天放射两次或两次以上,分割剂量较常规放射减少,总疗程缩短,是一种把加速分割与超分割放射结合起来的方法。从理论上讲,采用低于常规放射的分割剂量,并在缩短总疗程的基础上给予高剂量的加速超分割放射方案应优于超分割、加速分割和常规分割放射治疗。加速超分割放射的缺点是急性反应严重,严重的急性反应主要是因治疗加速所引起,因此加速超分割放射一般可采用分段治疗以减轻急性反应。加速超分割放射的晚期并发症与常规放射相似,也很有可能比常规放射要轻。

笔记

第三节　线性二次方程模型在临床实践中的应用

要使线性二次方程模型能在临床上很好地应用，还必须解决临床与实验之间差别所带来的问题。临床放射治疗的过程通常是分多次完成的，在治疗期间肿瘤细胞和正常组织细胞会发生损伤的修复、细胞周期再分布、再群体化和乏氧细胞再氧合等过程。因此，一个好的放射治疗评估模型必须要考虑时间剂量因子，包括分次间隔时间和总治疗时间，以及肿瘤细胞和正常细胞的修复等其他生物学参数。

一、改变分次剂量

随着放疗技术的快速进步，近年来立体定向体部放射治疗和立体定向放射外科（stereotactic radiosurgery，SRS）技术正广泛被应用于多种原发肿瘤及转移灶的放射治疗，尝试用1～5分次的大分割治疗模式治疗肺和肝等部位的相对小病灶。SBRT高分割剂量具有与常规放疗不同的放射生物学效应特点，除了类似的高效DNA损伤的机制之外，还能导致肿瘤内皮细胞凋亡和血管损伤；能够消灭常规分割剂量中放射不敏感的肿瘤干细胞；免疫增强效应产生额外的肿瘤杀灭效应。同样也会弱化分次放疗间乏氧细胞再氧合过程。LQ模型中*BED*的概念广泛用于从生物数学角度描述电离辐射的肿瘤和正常组织效应，也经常用于不同剂量分次方案生物效应的换算和比较评估，LQ模型是基于两次放疗间完全再修复和再氧合，然而其在大分割放疗中的适用性在放疗领域争论了很长时间。

有学者分析了V79和EMT6单细胞接受单次剂量2～12Gy或者4～5Gy/2～3次的照射，V79多细胞接受单次剂量5～26Gy或者5～12Gy/2～5次剂量照射的实验，将单次剂量的存活分数代入等式LQ模型中计算获得相应的参数系数，并计算大分割剂量的等效单次剂量，比较计算数据与大分割剂量实际测得的等效单次剂量。结果表明，V79单细胞LQ模型计算的等效单次剂量比实际测量的等效单次剂量低12%～19%，EMT6细胞也有同样的趋势，但是无显著性差异。V79多细胞LQ模型计算的等效单次剂量比实际测量的等效单次剂量低18%～30%。通过以上实验认为LQ模型似乎更适合分次剂量在5Gy或者更低范围内的放疗应用，大分割立体定向照射治疗不宜使用LQ模型。还有研究分析了存活曲线及LQ模型与宽剂量范围高剂量率实验数据的拟合程度。照射时以0.5Gy为递增数，总剂量范围为10.5～16Gy，结果发现，在较低剂量（<2Gy）时LQ拟合度下降，高剂量的拟合度较差，表明LQ模型比较适合应用于存活曲线中间剂量范围。后续多项体外试验结果也表明，LQ模型在分次剂量大于10～15Gy时会高估射线对肿瘤细胞的杀伤作用。

一些临床研究的结果表明，应用LQ模型可能会低估SBRT的生物学效应。用体外培养细胞存活曲线的资料计算控制脑转移瘤所需的剂量为20～35Gy，而这大大高于临床放射手术的有效剂量。在模拟脑转移瘤的SRS治疗中发现对肿瘤反应而言，SRS的效应远高于LQ模型预测的生物学效应。目前，对于SBRT多个分割模式之间的比较以及SBRT与常规分割的比较，临床上仍常采用LQ模型进行*BED*换算，更为优化的修正或替代模型有待进一步的探索和临床验证。

在低剂量区LQ模型的有效性也同样受到了关注，一些作者提出在低剂量或者分次剂量低时应用该模型应该慎重。一系列的动物实验显示在1～2Gy剂量区域，LQ模型高估了大鼠脊髓的细胞存活。尽管LQ模型和其他模型一样有局限性，只能用于一定范围的剂量区域，但它已经被证明在评估放疗疗效中起了重要的作用。

知识拓展

寻找新的生物数学模型

近年来，研究者对LQ模型进行修正或寻找替代模型，如通用生存曲线（USC）模型是LQ模型低剂量段与经典多带模型高剂量段的组合，修正版线性二次（MLQ）模型及线性二次（LQL）模型来源于潜在性致死-致死模型机制等，以期探索最适合SBRT分割模式的预测模型。尽管修正或替代模型在体外细胞存活曲线的拟合上优于LQ模型，但在动物模型或临床数据拟合中上述模型并没有显示出显著的优越性。

二、改变时间间隔

治疗中时间间隔是影响放疗疗效的一个重要因素，放射治疗过程中第一个被考虑的影响疗效的时间因素是总治疗时间。包含时间参数的LQ模型，是目前最通用的LQ模型扩展形式。在很多情况下对于晚反应组织来说是不太需要考虑时间因素的，但对于早反应组织和肿瘤组织来说忽略时间因素是不合适的。最常见的时间因素是由简单组织细胞指数增长所引起的，在LQ模型中它是这样来表示的（式4-4）：

$$s=\mathrm{e}[-n(\alpha d+\beta d^2)+\ln 2\ T-T_k T_p] \quad (式4\text{-}4)$$

式中，T是治疗总时间，T_k是加速增殖前的时间，T_p是潜在倍增时间。大量研究已经证实延长总治疗时间会降低肿瘤局控率，超分割放疗就是充分应用总治疗时间和不同组织间α/β差异来进行治疗的一种方式。超分割放疗将每次的分割剂量降低，增加每日的分割次数但保持总治疗时间不变，总剂量得到10%～25%的提升，提高了肿瘤局控率；其次，肿瘤的α/β比周围正常组织高得多，总剂量的提升带来的收益要大于其带来的不良反应。

有学者将含时间因子的LQ模型应用于临床实验，用于治疗计划前的疗效评估，McGinn等用含时间的LQ模型来评估一个头颈部肿瘤的加速超分割放疗，得到预计肿瘤细胞杀伤数会增加1.7倍、术后放疗会增加肿瘤细胞杀伤数1.3倍的结论，与临床结果基本一致。含有时间因子的LQ模型提示，任何原因引起的治疗时间延误都应被考虑，并且需要给予合适的补救措施。Hendry等用包含时间的LQ模型研究治疗延迟对肿瘤局控率的影响，得出了这样的结论：尽量将因延误而导致的“多余”治疗次数在预期的总治疗时间内补救完毕，势必会出现病人在周末或一天接受两次照射等情况，但是这种处理“延误”的方法不是任何时候都适用。对于快速增殖的肿瘤组织，在治疗间期里增加额外的剂量而不延长总治疗时间是可以的，但是，对于“中速”增殖的肿瘤组织，额外的剂量加以额外的次数来补救是比较好。

临床案例

为什么放疗科节假日总是需要加班

现代社会人民追求舒适的生活，一年节日长假有几个，但是每个医院放疗科的工作人员在长假期间总是要加几天班。平时工作中，有时碰到加速器故障，病人暂停放疗1～2d，放疗科医生也要千方百计地在周末加班工作补回来。通过放射生物学理论的学习，大家知道了放疗治疗间隔时间和治疗总疗程的延长，会影响治疗的疗效。放疗科的工作人员很会算计，是算一本科学的账：为了不让病人吃亏，保证治疗的疗效，甘愿放弃自己的休息时间。

三、连续照射

在单次低剂量率持续照射期间只有当照射时间与天数显著成比例时才会发生明显的再群体化（这种现象一般出现在低剂量率体内照射）。因此剂量率低于某个范围（如2cGy/min），肿瘤或正常组织的再群体化将会影响细胞的效应，这取决于细胞增殖速率。在中等剂量率范围再分布将会修饰效应，以及肿瘤的再氧合，不同肿瘤类型之间再氧合的动力学差异很大，至今仍不清楚，然而这会显著降低总治疗时间。

降低剂量率将会导致某一给定照射剂量的完成时间延长，因此，上述因素在用低剂量率近距离放疗（LDR）进行连续照射时将会影响生物效应。在LDR治疗时，由于总照射时间的延长，亚致死性损伤的修复成为最重要的因素，再分布的影响相对次要。再分布可能只与用相对长的半衰期的放射性核素（如^{125}I半衰期59.6d）的植入有关。最近的一些实验室工作显示，同步化的停滞大大长于一个细胞周期，于是也影响进一步的放疗以及近距离治疗与外照射的结合。再氧合在LDR比高剂量率近距离放疗（HDR）更有效，特别是那些只接受近距离治疗的病人。这是由于LDR与HDR相比，用LDR治疗

笔记

的乏氧细胞所受的损伤大于分次 HDR 治疗；而用 HDR 治疗的氧合肿瘤细胞所受的损伤大于氧合正常细胞。中国医学科学院肿瘤医院放疗科放射生物室的研究人员采用实证研究方法对^{192}Ir 高剂量率近距离治疗机（Micro Selectron-HDR）的剂量率效应进行了测定。^{192}Ir 高剂量率近距离治疗机是以高剂量率、不等剂量率为特点的近距离治疗机，至今已成功开展了多种癌瘤的腔内、管内和组织间插植治疗。在实际使用过程中，该种治疗机的放射源活度在大约半年时间内从新换源时的 $3.3\times10^{11}\sim3.7\times10^{11}$Bq 逐渐衰减为 $3.7\times10^{10}\sim7.4\times10^{10}$Bq（^{192}Ir 的半衰期为 74.2d）。动物实验采用的平均剂量率分别为 46.29Gy/h 或 5.79Gy/h，全腹或全胸照射。观察指标为小鼠小肠存活隐窝细胞数和肺 LD_{50} 值。实验结果显示，随平均剂量率的降低和照射时间的延长，早反应组织小肠和晚反应组织肺的生物效应也会随之下降。

环绕插植源的不均匀照射体积会产生重要的放射生物效应。靠近源的部位剂量率高，对细胞的杀灭近似于急速照射的存活曲线。随着细胞距放射源的距离变远会发生两个主要变化：①在较低剂量率，细胞的敏感度将会下降；②在给定的插植时间内累积剂量也会下降。这两个因素导致随着细胞距放射源的距离变远，细胞杀灭效应发生快速的变化。靠近放射源部位的组织（肿瘤和正常组织）细胞杀灭水平很高，任何放射敏感性的细胞（不管敏感还是不敏感的细胞）都会被杀灭，而距放射源较远的细胞杀灭效应又会很低，甚至那些最敏感的细胞可能也会存活。在这两种极端情况之间会有一个临界带，在此将会发生不同水平的细胞杀灭。正如 Steel 等在 1989 年指出的，对任何给定的放射敏感性水平的细胞而言，模型计算的含义是在数微米的照射距离内将会出现局部控制概率从高到低的峭壁样变化。源的峭壁距离取决于处于低剂量率细胞的敏感性，更靠近的放射耐受细胞以及更远的放射敏感细胞。假如能够调整剂量分布或总剂量将会取得良好的治疗增益。同样的原理也适用于正常组织，对正常结构损伤的严重性取决于确保它们是在所对应的峭壁之外。

四、改变总疗程

放射治疗总时间的必要或计划外延长对肿瘤局部控制效果的影响往往是易被临床所忽视的重要问题，大量的近期资料表明，对于头颈部恶性肿瘤的放疗总时间延长一周，则局部控制率可下降 5%～25%，疗程时间的延长对局部控制率下降的影响可以根据以下公式（式 4-5）来进行估算：

$$局部控制率\% = 649.9 - 0.5761T - 23.8\times LQ剂量 + 0.2271(总剂量)^2 \quad (式 4\text{-}5)$$

其中 T 为治疗总时间，LQ 剂量 = 总剂量×(1+每次剂量/估算常数 462)。

为了抵消放射疗程的计划外中断所引起的肿瘤致克隆性细胞亚致死性损伤的再修复和再增殖而导致的放射剂量生物效应的衰减，提高间歇期后放射肿瘤杀伤效果，同时又不增加晚期反应，应该在至少不延长总治疗时间的前提下补加照射剂量，以期得到与原治疗方案相同的放射生物效应。因晚反应组织增殖速度一般均大于 6 个月，故几乎不存在相对于照射期间放射剂量生物效应的衰减，所以在重新计算照射剂量时可以使用不带体积修正因素的 LQ 模型作为参考，由 $E=n(\alpha/\beta\cdot d+d^2)$ 可以看出，在相同的放射生物效应下，E 与分割次数 n 的一次方成正比，但却随 d 的二次方而迅速增大，即 E 对 d 更为敏感。因此 Wither 认为在补加照射剂量时，应增加补量阶段的分割次数 n 而不应增加每次照射的分割剂量 d，以减轻晚反应组织的放射性损伤，所以他提出在补量阶段最好采用一天照射两次的方法。

第四节 常用的生物数学公式及应用

一、常用的生物数学公式

在实际应用中，为了解决不同的问题，根据 LQ 公式，演进出几种换算临床放射治疗中等效关系的方法（即 LQ 的临床应用公式），所有这些方法均是以相似的假设为基础的。主要包括 1982 年 Barendsen 推荐的外推耐受剂量（extrapolated tolerance dose，ETD）、1987 年 Thames 和 Hendry 的总效应（total effect，TE）和 1989 年 Fowler 提出的生物等效剂量。

一般来说，与等效有关的细胞存活分数是不清楚的，习惯上用组织效应水平“E”表示。Fowler 等将等式两边除以 α 而成为著名的 Fowler 模式，得式 4-6：

$$E/\alpha=D+(\beta/\alpha)D^2 \quad \text{（式 4-6）}$$

E/α 被称作生物等效剂量，它具有剂量的大小和量纲，对衡量生物效应很有用，是指分次数无穷多、分次剂量无穷小时产生相等生物效应所需的理论总剂量。因此它也是极低剂量率单次照射所需的总剂量，*BED* 的单位是 Gy，必须注意它不同于物理剂量。*BED* 代表了整个分次照射或低剂量率连续照射过程中的生物效应，当分次剂量趋向于 0 时，*BED* 就相当于 D，即总剂量。在整个照射过程中，每一部分的 *BED* 都能相加，这样可得到总的生物等效剂量。根据 Fowler 模式可分别计算出各种早、晚反应组织的生物等效剂量值。

Thames 的 *TE* 概念也被使用，在这个公式中是除以 β 而不是 α，成为著名的 Thames 模式，其中 E/β 被称为总效应，从而得到 $TE=E/\beta=D(\alpha/\beta+d)$，*TE* 的单位是 $(\text{gray})^2$，使用起来不如 *BED* 方便，但有以下关系式（式 4-7）：

$$TE=(\alpha/\beta)\times BED \quad \text{（式 4-7）}$$

若分次剂量为 d，采用分隔时间大于 6h 的分割照射，分次数为 n，且允许亚致死性损伤获得完全修复，公式可改写为式 4-8：

$$BED=nd\times[1+d/(\alpha/\beta)] \quad \text{（式 4-8）}$$

式中 n 为分次数，d 为分次剂量，nd 为总剂量（D），α/β 值可查表获得。α/β 值作为 LQ 临床应用公式、细胞存活曲线形状或等效分割公式中 α 参数和 β 参数之比，一个特定组织或细胞群体的 α/β 值意味着在这个剂量值单击和双击所产生的生物效应相等。α/β 值的意义不仅反映了不同组织分次敏感性的差异，它在数值上相当于一个特征性剂量，在该剂量照射下 DNA 双链断裂与两个单链断裂组合发生概率相等。

1. 等效换算的基本公式　根据以上推导，不同分割方案的等效变换基本公式为（式 4-9）：

$$N_2d_2(1+d_2/\alpha/\beta)=N_1d_1(1+d_1/\alpha/\beta) \quad \text{（式 4-9）}$$

或式 4-10：

$$D_2/D_1=(1+d_1/\alpha/\beta)/(1+d_2/\alpha/\beta) \quad \text{（式 4-10）}$$

2. 带有时间因子的 LQ 等效换算公式　研究表明，在临床放射治疗期间，经常会发生总治疗时间的改变。一般来说，对晚反应组织而言，总治疗时间的变化对生物效应影响不大。但对大多数早反应组织和肿瘤来说，总治疗时间的延长会使给定方案的生物效应下降（这是受照射组织靶细胞增殖的结果），应对此进行校正。若假设肿瘤细胞的再群体化，则 InS 将随 $(0.693/T_{pot})T$ 而增加。于是式 4-11：

$$\text{In}S=N(\alpha d+\beta d^2)+(0.693/T_{pot})T \quad \text{（式 4-11）}$$

等式两侧同除以 α，得公式 4-12：

$$\text{In}S/\alpha=BED=Nd[1+d/(\alpha/\beta)]+(0.693/\alpha T_{pot})T \quad \text{（式 4-12）}$$

由于几乎没有来自个体肿瘤的 T_{pot} 和 α 值，即使有，病人间差别也很大，因此用总再群体化速率参数 K，来代替 $0.693/\alpha T_{pot}$。K 可由一些特殊病人的临床资料分析确定。例如，回顾性资料分析显示对再群体化快的肿瘤可采用 $K=0.6$Gy/d，增殖慢的肿瘤如前列腺癌 K=0.1Gy/d。注意：因晚反应组织疗程中没有再群体化，因此 K=0。

3. 带有不完全修复因子的 LQ 等效换算公式　LQ 基本临床公式（式 4-6）所假设的条件是分次之间每次照射剂量后的亚致死性损伤完全修复，这种修复至少要 4~6h［但在一些情况下（如脊髓）却可以长达 1d 甚至更长］，如果分次间隔时间短于这个值，整个治疗的总损伤会由于每次照射前上次照射损伤修复的不完全而加重。不完全修复的影响用组织的半修复时间 $T_{1/2}$ 来决定。$T_{1/2}$ 是分次剂量之间或低剂量率治疗期间修复一半损伤最大可能性所需的时间。不完全修复会降低等效剂量，因此应

笔记

校正由此而损失的正常组织耐受性。未修复损伤用 Hm 来表达，由此得到分次照射的带有修复因子的 BED 公式（式 4-13）：

$$BED=D[1+d/(\alpha/\beta)+Hm\cdot d/(\alpha/\beta)] \quad (式 4\text{-}13)$$

式中 d 是分次剂量，D 是总剂量，Hm 可查表获得。

另一种常见情况是，临床连续照射期间发生的不完全修复。随着剂量率的降低（低于外照射所用的范围）、照射时间延长，一部分损伤会被抵消从而使等效剂量增高。对应于基本 BED，连续照射的 BED 公式（式 4-14）加入了允许不完全修复的 g 因子。g 因子可查表获得。

$$连续照射的\ BED=D[1+g\cdot d/(\alpha/\beta)] \quad (式 4\text{-}14)$$

式中 D 是总剂量（=剂量率×时间），d 是分次放射治疗的保留以便处理分次的低剂量率照射。对单次连续低剂量率照射 $d=D$。等式假设低剂量率照射之间损伤完全恢复。如果没完全恢复，应加上 Hm。

二、生物数学公式在临床的应用

沿用多年的经典常规分割治疗方案是以临床经验为基础的，它基本符合肿瘤和正常组织对射线反应的生物学规律，因此在一部分肿瘤上取得了较好的疗效。随着肿瘤放射治疗经验的积累以及放射生物专业知识的不断深化，放疗治疗医生清楚地认识到，更好地分类和设计治疗方案，并逐步实现个体化治疗是提高肿瘤局部控制率的重要方向。其中正确进行不同治疗方案的等效换算是重要环节，换算的主要步骤是根据上述公式将新方案中的变量正确代入公式，为便于理解下面简要举例说明：

例 1：某治疗小组原计划给某肿瘤病人（肿瘤 α/β 值为 10Gy）设计的治疗方案为 70Gy/35 次/7 周，由于前 6 次给量错误为 4Gy/次，如果接下来治疗改为 2Gy/次，在保证肿瘤生物等效剂量（BED）等同的前提下，需要再照射多少次？

由于改变治疗计划时，需要保证等同生物效应所需的总剂量不变，结合上述公式，假设已经照射的生物等效剂量为 BED_1，还需要再照射的生物等效剂量为 BED_2，总的生物等效剂量为 $BED_{总}$。

根据 BED 基本公式（式 4-8），计算结果如下：

$$BED_{总}=BED_1+BED_2$$
$$BED_{总}=35\times2(1+2/10)$$
$$BED_1=6\times4(1+4/10)$$
$$BED_2=n\times2(1+2/10)$$
$$35\times2(1+2/10)=6\times4(1+4/10)+n\times2(1+2/10)$$
$$n=21\ 次$$

在保证肿瘤生物等效剂量 BED 等同的前提下，2Gy/次方案的剩余照射次数为 21 次。

例 2：一个头颈部肿瘤病人，原计划治疗方案是 70Gy/35 次，由于前 6 次发生给量错误，剂量给成了 4Gy/次而不是 2Gy/次，于是累积剂量是 24Gy/6 次，接下来的治疗将继续用 2Gy/次的治疗，问：保持与 2Gy/次相等的晚期损伤应给多少次？

设：纤维化的 $\alpha/\beta=3.5$Gy

根据 BED 基本公式（式 4-8），计算结果如下：

$$BED_{总}=70\times(1+2/3.5)=110\text{Gy}$$
$$BED_1=24\times(1+4/3.5)=51.4\text{Gy}$$
$$BED_2=BED_{总}-\text{BED}_1=58.6\text{Gy}$$
$$BED_2=2n\times(1+2/3.5)=58.6\text{Gy}$$
$$2n=58.6/1.57=37.3\text{Gy}$$
$$n=37.3/2=18\ 或\ 19\ 次$$

为保持与 2Gy/次相等的晚期损伤，在 2Gy/次方案的剩余分割次数为 18 或 19 次。

例 3：一个某肿瘤病人（肿瘤 α/β 值为 10Gy），原计划治疗方案是 70Gy/35 次/7 周，病人放疗 20 次后自行终止治疗。2 周后，病人再次入院要求进行放疗，接下来的治疗将继续用 2Gy/次的治疗，问：在保证肿瘤生物等效剂量（*BED*）等同的前提下，还需要再照射多少次？

由于改变治疗计划时，需要保证等同生物效应所需的总剂量不变，结合上述公式，假设已经照射的生物等效剂量为 BED_1，还需要再照射的生物等效剂量为 BED_2，总的生物等效剂量为 $BED_{总}$。考虑延迟治疗 14d，对再群体化快的肿瘤可采用 $K=0.6$Gy/d。

根据公式（式 4-12）有时间因子的 LQ 等效换算公式进行计算：

$$BED_{总}=Nd[1+d/(\alpha/\beta)]+(0.693/\alpha T_{pot})T$$

$$K=0.693/\alpha T_{pot}=0.6\text{Gy/d};T=14\text{d}$$

$$BED_{总}=Nd[1+d/(\alpha/\beta)]+(0.693/\alpha T_{pot})T=70(1+2/10)+0.6\times14$$

$$BED_{总}=84+8.4=92.4\text{Gy}$$

$$BED_1=40\times(1+2/10)=48\text{Gy}$$

$$BED_2=\text{BED}_{总}-\text{BED}_1=44.4\text{Gy}$$

$$BED_2=2\text{n}\times(1+2/10)=44.4\text{Gy}$$

$$\text{n}=18.5\text{ 次}$$

在保证肿瘤生物等效剂量（*BED*）等同的前提下，2Gy/次方案的剩余照射次数为 18 或 19 次。

在临床应用数学模型计算结果只能作为临床资料的参考，如例 3，计算结果只考虑了病人肿瘤的情况，在临床治疗中还需要考虑正常组织、特别是正常危及器官的耐受剂量。因此，几乎所有用来描述辐射生物效应的数学理论模型都主要针对某一特定类型的生物效应进行定量分析，而分析时又着重针对效应发展过程的某一特定时期和环节，鉴于辐射生物效应过程的复杂性，期望应用某一理论模型能完美解释辐射生物学的方方面面是不现实的，LQ 公式亦如此。

本章小结

1. LQ 模型考虑了不同组织损伤修复的差别，可以在一定程度上反映早、晚反应组织的辐射生物效应。对于分割剂量为 d 的 n 次放射线照射后所产生的总放射生物效应则为：E 总 $=n(\alpha d+\beta d^2)$。
2. 分割照射的生物学基础——"4R"理论　细胞放射损伤的修复、细胞周期的再分布、乏氧细胞的再氧合、再群体化。
3. 线性二次方程在临床实践中的应用，不同分割照射方式的目的及优、缺点。
4. 常用的生物数学公式及应用。

病例讨论

某 54 岁男性病人，因"无明显诱因慢性咳嗽 1 年，偶有痰血"首次就诊，无发热盗汗、胸闷气急、无消瘦，平素健康状况良好。有吸烟史 15 年，平均 30 支/d；否认饮酒史。否认家族遗传性病史及肿瘤家族病史。主要辅助检查：2018-07-28 查胸部 CT 提示左肺下叶占位，左肺下叶远端可见一软组织密度肿块，形态不规则，有分叶，大小约 6.5cm×5.3cm，2018-08-02 查 PET-CT 示：①左肺下叶 MT，左侧肺门及纵隔第 4L、5、7、8 组淋巴结转移可能。②纵隔第 4R 组淋巴结糖代谢异常增高，建议随访。2018-08-01 肺穿刺明确非小细胞肺癌，免疫组化结果：TTF-1（-），P40（+）；（左肺）细胞块包埋：酶标结果提示鳞癌。

0402

病例讨论

（梁世雄　姚原）

笔记

扫一扫，测一测

思考题

1. LQ 模型的主要优、缺点是什么？

2. 哪些器官表现为“并行”特征？哪些器官表现为“串联”特征？在放疗计划实施中，它们有何特殊意义？

3. 简述超分割放射治疗及全程加速超分割放射治疗各自的优、缺点。

第五章　提高放射生物学效应的方法

学习目标

1. 掌握：增加氧在肿瘤细胞内的饱和度的方法；放射增敏剂的种类和其机制；放射防护剂的种类和其机制；加温治疗对放疗的增敏作用。

2. 熟悉：氧效应的基本概念、肿瘤乏氧与疗效；放射增敏剂的基本概念；放射防护剂的基本概念。

3. 了解：氧在放射治疗中的重要性；放射增敏剂的发展历史；放射防护剂的发展历史；加温治疗的发展历史、加温治疗的免疫作用。

在临床放射生物学的范畴内，放射生物学效应是指射线引起的人体靶分子（主要是DNA）损伤，进而导致人体细胞、组织和器官的生理和病理性改变。正常组织和肿瘤组织的生物学特性与影响放疗疗效的生物因素有着密切的关系。正常细胞和肿瘤细胞的放射敏感性有很大的差异，各类实体肿瘤对放疗的反应也不尽相同，有时即使是同类肿瘤也会对放疗有不同的反应。出现这种现象是多因素的，以肿瘤作为一个整体的情况来看，是与肿瘤内血液供应情况、肿瘤内乏氧细胞的多少、肿瘤细胞的增殖状态及其动力学、肿瘤细胞的异质性、肿瘤细胞受损伤后的修复能力等有关。

在对肿瘤生物学特性有了一定的了解之后，就可以用一些化学制剂或措施影响其中的某个环节，如可以改变肿瘤细胞对放射治疗的反应性，从而增加对肿瘤细胞的杀伤效应；也可以通过保护正常组织不受或少受放射线的影响，从而可以通过增加放射线的剂量而达到杀伤更多肿瘤细胞的目的。能改变哺乳类动物细胞放射反应的化学物质统称为化学修饰剂（chemical modifier）。这些修饰剂基本上可以分为两大类：一类是放射增敏剂（radio-sensitizer），它们不影响正常组织细胞而选择性地增强放射线对肿瘤细胞的杀伤效果；另一类是放射防护剂（radio-protector），仅仅保护正常组织细胞而对肿瘤组织细胞却不产生相同的保护效应。作为临床可使用的放射增敏剂或放射防护剂，必须对正常细胞和肿瘤细胞具有不同的效应特征，假如使用的药物同样影响肿瘤和正常组织细胞的放射敏感性，就达不到临床使用的目的。

第一节　增加氧在肿瘤细胞内的饱和度

一、氧在放射治疗中的重要性

（一）氧效应的概念

氧在放射线和生物体相互作用中所产生的影响，即氧是“固定”放射损伤的重要因素，称为氧效应。为了定量描述不同射线氧效应的大小，即氧增加放射敏感性的程度，引入了氧增强比（OER）的概念，即达到相等生物效应，乏氧时所需的射线剂量与有氧时所需的该射线剂量之比。OER 常用于乏氧细胞放射增敏剂的研究，以判断该增敏剂是否有增敏效果及其增敏程度的大小。OER 也是描述某一射线物理特性的一个指标，对于稀疏电离辐射，如 X 射线和 γ 射线的 OER 值大，为 2.5~3.0，表明它的放射效应对氧的依赖性大，反之，乏氧组织对这种射线较为抵抗。对于 α 粒子类致密的电离辐射，其 OER 为 1.0，即没有氧效应的影响。中子 OER 介于两者之间，约为 1.6。

（二）氧效应的机制

尽管到目前为止，氧效应的真正作用机制仍不完全清楚，但广泛的研究结果表明自由基是氧影响放射生物学效应的主要环节，比较公认的理论是"氧固定假说"。即入射射线在通过生物组织时产生许多电子对（离子自由基），这些电子对寿命极短，约为 10^{-10}s，当生物组织吸收了放射线能量以后，很快产生自由基，尽管自由基的寿命只有 10^{-5}s，但与离子自由基相比，其寿命明显长得多。这些自由基是高活度分子，能击断化学键造成靶分子的损伤（通常是 DNA），从而启动多个事件，并最终造成的生物损伤。在有氧存在的情况下，使自由基成为过氧化物自由基（RO_2），它是靶物质的不可逆形式。而乏氧时，自由基成为过氧化物自由基的比例很小，被电离的靶分子可自行修复，从而恢复正常。这一现象表明，氧对放射的损伤起了"固定"作用，称之为"氧固定假说"。

具体说来，氧的放射增敏作用主要通过以下三种反应实现：①氧是一种强氧化剂，分子中有两个不成对电子，可捕获电离辐射产生的电子，阻止其立即与正离子的再结合。②在有氧溶液中，氧可与水解过程产生的 H· 结合，机体内产生大量对组织有高度毒性、具有强氧化性能的自由基和过氧化物，它们的反应能力很强，可直接将氧转移给生物大分子，形成有机氧化物，引起组织分子的破坏，造成各种损伤。③氧还可与水合电子及有机自由基链反应，分别产生 HO_2· 和过氧化物。细胞内的生物大分子如蛋白质、核酸等，主要存在于大量的水分子中。因此，水分子电离后形成氧化自由基，其进行放射损伤的主要靶分子为生物大分子。

（三）氧效应的应用

在有氧和乏氧的情况下，细胞存活曲线的形状基本上是一样的，主要区别是低 LET 射线在乏氧时照射要达到同样的存活率，需要几倍于有氧照射的剂量，即 OER 高。肿瘤内乏氧细胞的放射抵抗性已经成为影响肿瘤放疗疗效的重要因素。尽管细胞内的氧浓度可直接影响放射敏感性，要使氧效应发挥作用，并不需要很高的氧浓度。实践证明，氧浓度达 2% 以上时的细胞存活曲线已和正常有氧情况一样。除高压氧吸入增加肿瘤细胞的氧合以外，还可以通过降低正常细胞的氧合，采用不同的时间-剂量分割方式，使用高 LET 射线、乏氧细胞增敏剂、正常组织保护剂的应用等手段，减少乏氧细胞的放射抵抗性。

（四）氧作用的时间和浓度

实验表明，氧效应只发生在照射期间或照射后数毫秒内。考虑到离子自由基和自由基的寿命，氧对放射生物学效应的影响应该是有精确时间要求的。照射乏氧细胞的实验结果表明，照射前乏氧时间不足，或照射后间隔较长时间才充氧，均不能体现出氧效应。因此，要达到利用氧的作用增敏，必须是照射期间有氧的存在，由于自由基产生的损伤需要氧"固定"才能达到不被修复的目的，而自由基的寿命又很短，故氧作用的时间一定要精确和严格才能发挥放射增敏作用。

至于究竟需要多大浓度才能达到增加放射敏感性的需要，在实验和临床上仍有许多需要研究的地方。利用细胞存活曲线来研究氧效应与氧浓度之间的关系的结果表明，随着氧浓度的增加，生物组织对射线越来越敏感，放射敏感性有一个梯度性增高，最大变化发生在 0~20mmHg，达 100% 氧浓度时，其放射敏感性是无氧条件下的 3 倍多，且在最初阶段放射敏感性迅速增加，氧浓度达到一定水平（155mmHg），放射敏感性也只有很小幅度的增加。研究表明，大多数正常组织的氧张力类似于静脉血或淋巴液的氧张力，为 20~40mmHg，因此，一般认为正常组织是富氧的状态。

二、肿瘤乏氧与疗效

（一）肿瘤微环境及肿瘤细胞的乏氧现象

实体瘤的生长需要不断地诱导血供，这个过程称为血管生成。肿瘤血管通常是不成熟的，缺少平

笔记

滑肌细胞并存在结构异常，如盲端或动静脉短路等，以致造成血流不稳定。这些新生血管的血供是原始性的，通常不能满足生长中肿瘤细胞的需要，从而形成营养不良和供氧不足区域，乏氧细胞便存在于这些区域。首先指出实体瘤内有乏氧细胞存在是在1955年，由Thomlinson和Gray根据对人支气管癌组织切片的观察提出的。他们发现有活力组织的厚度为100~180μm，当肿瘤细胞层的厚度超过氧的有效扩散距离时，细胞将发生变性坏死而不能存活。那些处于缺氧地带、即将坏死但仍有一定活力的细胞，称为乏氧细胞。由氧弥散受限所致的乏氧，称为慢性乏氧。除此之外，有研究提示，肿瘤的血管可以周期性地开放和关闭，导致短暂的一过性缺氧，也称为急性乏氧。这种现象的机制还不太清楚，可能由于血管被血细胞或循环中的肿瘤细胞堵塞，肿瘤内高压部位的血管崩溃，宿主整体血管的自发性舒缩影响下游毛细血管的血流所致。

（二）肿瘤乏氧的异质性

由于血管灌注和氧弥散不良，肿瘤细胞间的氧合水平存在非常大的差异，导致肿瘤内乏氧细胞的空间异质性。肿瘤乏氧潜在地存在于每个血管的周围，广泛地存在于整个肿瘤，而并不是局限于某些区域，而以往的观点认为，乏氧主要存在于肿瘤中心区附近。此外，肿瘤的乏氧还具有时间异质性，即乏氧的生物学后果同时受乏氧严重程度及乏氧时间的影响。随着时间的推移和细胞的不断增殖，处于氧弥散不良区域的细胞得到的氧会逐渐减少，因此乏氧时间便成为决定细胞增殖的重要因素。在这种情况下，不同肿瘤之间及同一肿瘤的不同区域的乏氧差别非常大，从而使乏氧细胞的寿命从数小时到数天不等。

（三）肿瘤乏氧对放疗疗效的影响

对于肿瘤血供和氧状态的观察发现，按含氧情况可以把肿瘤细胞分为三种：含氧细胞、乏氧活性细胞和无氧坏死细胞。在含氧细胞层和无氧坏死细胞层之间，存在乏氧活性细胞层，它们的氧浓度高得足以使细胞存活，但又低得可以保护其不受照射效应的影响，得以在照射后存活下来，是放疗后复发和转移的原因之一。

一般来讲，直径<1mm的肿瘤是充分氧合的，超过这个大小就会出现乏氧。实体瘤中乏氧细胞比例为10%~50%，瘤体越大，乏氧细胞的比例越高。肿瘤细胞本身的放射敏感性差异和瘤体大小都是影响其放疗疗效的主要因素，这也正是体积较大的肿瘤放疗后消退不明显的原因，显著影响了放射治愈性。

血液中氧的运输完全依赖血红蛋白，无论是肿瘤的原因或其他原因，血红蛋白降低都会导致血液氧运输能力降低，从而减少肿瘤氧供应，增加乏氧程度。动物实验证明，给贫血的荷瘤动物反复使用促红细胞生成素（erythropoietin，EPO）可使肿瘤中心的氧张力提高，改善乏氧状态，从而提高了放射敏感性。临床上常见宫颈癌、子宫内膜癌病人因长期出血，在就诊时贫血严重且常伴有感染，应在短期内积极纠正贫血，控制感染后再开始放疗，以最大程度减轻因贫血和感染造成的对放射敏感性的影响。纠正贫血后的疗效亦与肿瘤大小有关，小的肿瘤的氧合可得到明显改善，而对大的肿瘤内较大的乏氧坏死区，任何纠正贫血的方法都不能明显改善氧合。术后瘢痕区和纤维化明显的区域也会因为血液循环受影响而降低该部位复发肿瘤对射线的敏感性，因此一般而言，术后或者放疗后复发肿瘤的再程放疗的疗效均不如术前或者初次放疗。

三、增加氧在肿瘤细胞内的饱和度的方法

研究表明，肿瘤内存在乏氧细胞，而氧是最好的放射增敏剂，照射时有氧存在，可增加放射效应，即氧合好的细胞比低氧细胞对放射线更为敏感，反之，乏氧细胞对放射线更具抵抗性。要提高肿瘤细胞的放射敏感性，必须解决肿瘤乏氧的生物学问题，主要有两个途径：①在放射治疗时吸入高压氧或不加压的氧气、增加血流或加用乏氧细胞增敏剂等措施；②吸入碳合氧（5% CO_2 +95% O_2）以提高血液氧含量，解决慢性乏氧的问题，同时用烟酰胺（NAM或Hi）扩张肿瘤内暂时闭塞的血管，从而克服肿瘤内的急性乏氧问题。此方法除对皮肤的放射反应可能略有增加外，对其他很多正常组织基本没有增敏现象。将两者结合可改善受照射肿瘤细胞的慢性乏氧和急性乏氧状态，已在一些肿瘤放疗过程中尝试使用，显示了较好的近期疗效。

第二节 放射增敏剂的生物学原理

一、放射增敏剂的发展历史

放射治疗的早期，在尚未提出放射增敏作用的概念时，已有放疗医师注意到利用氧效应来改善肿瘤内乏氧细胞的氧张力以提高放疗的疗效，及在照射时加压或用其他方法限制血流来保护正常皮肤的损伤，从而认识到氧是一个明显提高放射生物学效应的因素。Langendorff 在 1954 年首次报道照射前用碘乙酸可增加小鼠的死亡率，证实了某些化合物可以增加放射损伤作用，揭开了应用放射增敏剂的序幕。

放射增敏作用研究的起步阶段始于 20 世纪 50 年代末至 60 年代初。当时主要用离体培养细胞存活率以及实验动物的方法对大量的化合物进行了筛选，并对可能的机制进行了初步的探讨。经研究并证实可以增加 X 线、γ 线损伤作用的化合物主要有卤代嘧啶类，如 BUdR、IUdR 等及某些醌类、共轭双酮类、芳香酮、双酯类、硝基芳香烃和硝基杂环类等许多分子中含有共轭电子接受基团的化合物。1960 年 Bridges 报道，*N*-乙基马来酰亚胺(NEM)对乏氧的大肠埃希氏菌有明显的放射增敏作用，并发现 NEM 主要抑制细胞内的巯基(—SH)。早期阶段的研究由于缺乏理论指导，因此筛选的化合物虽然很多，但结果大多很零散且增敏作用不十分肯定。

自 20 世纪 60 年代以来，研究者对放射增敏剂进行了大量的研究，从早期的应用微生物到后来广泛的以哺乳动物细胞作为放射增敏剂效价初步检测的主要手段。在放射增敏剂研究的历史中，特别应该提出英国 Adams 等人的贡献。1963 年以来 Adams 等通过大量的实验研究提出了著名的“亲电子理论”，发现硝基咪唑类亲电子化合物有放射增敏作用，并证实化合物本身亲电子能力与其放射增敏效价有明显的相关性。他们认为这类化合物能转移电子，使受放射损伤的靶分子自由基不能重新获得电子而影响修复，最终导致生物分子固定性的损伤，从而达到放射增敏作用的目的。这一理论对推动放射增敏剂的研究起了十分重要的作用，为 20 世纪 70 年代第二阶段的放射增敏剂研究奠定了良好的基础。

在“亲电子理论”的影响下，放射增敏剂的研究进入一个研究高电子亲和力的化学制剂为主的乏氧细胞增敏剂的高潮。在此阶段，人们比较集中和系统地研究硝基咪唑类化合物。在这类化合物中人们最初研究的是甲硝唑，为 5-硝基咪唑亲电子化合物，是作为抗厌氧菌的药物推向临床的，至今仍在临床上普遍使用。20 世纪 70 年代初期，离体细胞及整体动物实验均证明甲硝唑有一定的放射增敏作用。由于其 SER 值较低，仅为 1.3±0.6，因此增敏作用不太理想，而药物用量大、胃肠道反应重也限制了其在临床上的应用。Adams 等人研究了 2-硝基咪唑化合物(MISO)后认为，咪唑环上硝基在 2 位取代比在 5 位取代时的亲电子性能更强。MISO 离体细胞实验的 SER 值可达 1.2~2.5，对多种小鼠肿瘤均有十分明显的放射增敏作用，在单次照射和分次照射时也有明显的增敏作用。遗憾的是在临床上观察到 MISO 有明显的神经毒副作用，从而限制了其作为放射增敏药物在临床上的应用。尽管如此，上述两个药物的系统研究和临床观察研究，建立了一整套的研究方法，成为后来研究新的放射增敏药物时的重要指导。

20 世纪 80 年代以后，放射增敏剂的研究进入第三个阶段。一方面通过构效关系的研究，发现了硝基咪唑类化合物的毒性部位后，对 MISO 结构进行改进，合成了大量的新的化合物，其中 SR-2508 因其毒副作用低，给药后 30min 有 70%以上药物可浓集于肿瘤而受到重视。这类改进结构的化合物既保留了 MISO 的放射增敏性，同时在神经毒副作用方面也有了明显的降低，此方面的研究表现出良好的发展前景。

Durand 于 1984 年提出细胞内的巯基水平影响细胞的放射敏感性，认为用外源性的化合物阻断细胞内谷胱甘肽(GSH)的合成或耗竭细胞内巯基的化合物应该有一定的放射增敏作用。另一研究领域是改变肿瘤组织氧合状况的化合物，比如：①吸入碳合氧(5% CO_2+95% O_2)后可增加肿瘤组织的氧含量，减少乏氧细胞比例，以提高肿瘤组织对射线的敏感性；②使用肼屈嗪等血管活性类化合物，扩张正

笔记

常组织内的血管，增加正常组织血流量，使得进入肿瘤组织的血流量相应减少，增加肿瘤内乏氧细胞的比例，以便生物还原活性类化合物更好地发挥对乏氧细胞的杀伤作用；③桂利嗪、氟桂利嗪等增加肿瘤组织血管的血流量，提高肿瘤组织的氧合状况，使乏氧细胞对射线的敏感性增加；④氯贝丁酯可与红细胞血红蛋白直接结合，增加血红蛋白释放氧的能力。

近年来，放射增敏剂的研究领域进一步扩大，不断引入交叉学科的一些新方法用于新药物及新作用机制的研究中，主要表现在以下方面：①研究人员发现某些钙通道阻滞剂能通过抑制细胞呼吸而达到提高肿瘤组织内的氧张力，进而提高肿瘤组织的放射敏感性；②某些金属配位化合物，如含硝基咪唑的铂配位化合物 $Pr(MISO)_2Cl_2$、$Pt(MISO)NH_2Cl$ 等均有明显放射增敏作用；③放射增敏剂合并使用热疗、化疗等也显示出一定的优越性；④近年来对生物还原化合物的研究表明，还原型的代谢物可与核苷酸的磷酸基及碱基作用形成加合物或与 DNA 间产生键交联，使细胞 DNA 产生较有氧状况下高得多的单链或双链断裂。另外还原型代谢产物的 DNA 单、双链断裂是不可修复的，因此起到放射增敏作用。双功能性硝基咪唑类生物还原化合物的放射增敏作用有较好的应用前景。

知识拓展

中国在放射增敏剂方面的研究进展

我国放射增敏剂方面的研究是从 20 世纪 80 年代开始的，全国多个单位开展了从基础研究到新化学制剂研制和从中草药寻找有效成分等多方位的工作，为我国放射增敏剂的研制及有关基础理论的发展作出一定的贡献。从中草药中筛选放射增敏剂是具有我国研究特色的工作。国家一类新药甘氨双唑钠正是在“亲电子理论”指导下，由海军军医大学郑秀龙等人对硝基咪唑类化合物导致神经毒性的主要结构改造后合成的增敏剂，其有亲肿瘤、低毒、增敏作用较强的特点。

二、放射增敏剂的概念

传统的放射增敏作用主要是针对肿瘤内放射抵抗的那部分乏氧细胞而提出的，指的是某些化学物质能增强射线对肿瘤内乏氧细胞的杀灭而对有氧的正常组织损伤较小。这些化学物质称为放射增敏剂。目前放射增敏剂的概念已经从传统的乏氧细胞增敏剂扩展为一个多方面的复杂领域，包括所有能影响放射敏感性的一切化学及生物学手段，细胞的微环境、血管生长因子、跨膜信息传递过程、DNA 损伤、细胞周期调控、凋亡、分化等。因此，广义的放射增敏作用是指某些生物或化学物质具有能使电离辐射的生物效应增强的作用。所有这些生物或化学物质均可统称为放射增敏剂。然而目前还没有令人满意、用于临床的放疗增敏药物。

描述放射增敏作用的大小通常有两个定量的参数：①增敏比（sensitizing enhancement ratio，SER），其定义为产生某一特定生物效应所需的单纯照射剂量与合并放射增敏剂后产生相同生物效应所需照射剂量的比值，应用放射增敏剂后，要达到单纯照射的特定生物效应，将能够降低一定的照射剂量，即合并使用放射增敏剂后，将使单纯照射的作用加强，SER＝单纯照射达到特定生物效应所需照射剂量/照射合并放射增敏剂后达到同样生物效应所需照射剂量。②治疗增益因子（therapeutic gain factor，TGF）：主要反映某一药物对肿瘤组织和正常组织两者间的不同的生物效应，$TGF = SER_{tum}/SER_{nor}$（$SER_{tum}$ 为肿瘤的增敏比，SER_{nor} 为正常组织的增敏比）。

TGF 值大，意味着对肿瘤的放射损伤效应大，而对正常组织的放射损伤效应小。临床上应用的放射增敏剂，要求其 TGF 值>1 才有应用价值。

理想的放射增敏剂必须同时具备下列条件：①专门对肿瘤细胞有放射增敏作用，尤其是肿瘤乏氧细胞有较强的放射增敏作用；②治疗剂量对正常细胞无毒或毒性很低，并对正常细胞增敏作用小或无增敏作用；③易溶于水，便于给药；④不易与其他物质起反应，性质稳定；⑤有理想的水脂分配系数，渗透性强，能向无毛细血管区域内的细胞和乏氧区细胞渗透，不进或少进正常组织细胞；⑥有适当长的生物半排期，以保证药物在体内的浓度，并可到达肿瘤组织；⑦在常用的放疗分次剂量，较低的药物剂

笔记

量即可有放射增敏效果。

所有放射增敏剂的研究思路可用图 5-1 说明，基本目的是通过放射增敏剂使肿瘤控制曲线向低剂量方向左移，而对正常组织并发症的曲线没有影响或没有太大的影响，最终达到把正常组织并发症保持在能被接受的特定水平上，又能提高肿瘤的控制率或治愈率（图 5-1）。多年来经过大量的放射增敏剂的研究，尽管已经发现了许多能够增强细胞放射效应的化合物，尚未能找到符合上述所有条件并能正式用于临床的理想放射增敏剂。

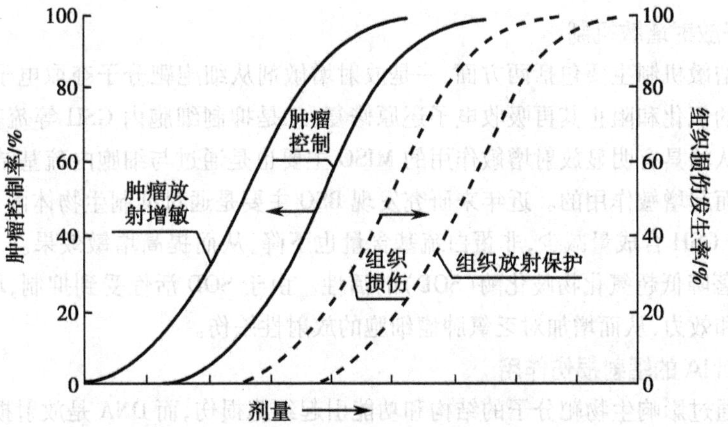

图 5-1　放射增敏剂与放射防护剂的研究思路

三、放射增敏作用过程

在射线入射到产生生物效应的过程中，有很多物理化学事件发生，这些事件可以简单地描述为：入射射线→快速电子→离子自由基→自由基→化学键的破坏引起化学变化→生物效应。放射增敏作用贯穿于放射生物效应的各个阶段，其主要过程简述如下：

（一）电子转移中的放射增敏作用

电离辐射对生物体直接和间接作用所产生的氢自由基及生物靶分子自由基，若组织内有氧存在时，进而与氧化合成过氧化物自由基，使之具有更强的氧化能力，可加重对机体的放射损伤效应。这就是前面提到的氧效应。放射治疗的早期，临床放疗医生就知道氧是最强的放射增敏剂，可提高对肿瘤的放疗效果，故采用高压氧舱进行肿瘤放疗。氧夺取了靶分子自由基上的电子，阻止了靶分子的恢复，使其损伤固定下来，从而提高了靶分子的放射敏感性，因此氧也是最好的亲电子增敏剂。但是，如果在组织内存在天然防护物质，如谷胱甘肽等巯基化合物，可经供氢使受损靶分子修复和清除过氧化物自由基以消除氧效应。正如上节所述，人们可在照前加用某些化学物质如丁胱亚磺酰亚胺（BSO）来减少巯基化合物，可提高放射损伤效应。

在高压氧舱中进行肿瘤放疗对提高疗效虽有好处，但也存在许多缺点，这种技术对病人有危险，且设备昂贵。吸入高压氧还可能使供氧不足的组织增敏，如皮肤。因而不少学者试图筛选寻找能替代氧的物质。研究中发现，一些类氧化合物，如三丙酮胺氮氧化合物，与氧一样也能夺取电子而使乏氧细胞增敏。

（二）DNA 分子水平的放射增敏作用

DNA 是重要的生物靶分子，其损伤关联到细胞正常功能的丧失乃至死亡。放射线可诱导发生碱基损伤、碱基丢失、链断裂及交联等损伤。在有氧存在时，细胞 DNA 断链损伤比乏氧时可增高 3 倍左右，从分子水平提高了细胞的放射敏感性。诸如 MISO 等亲电子化合物也有增强 DNA 的辐射损伤效应。由于细胞内 DNA 含有修复酶，在适当环境中可修复受照损伤的 DNA 使之恢复功能，甚至可导致肿瘤复发，故有人采用修复酶的抑制剂如氯喹等来提高细胞的放射效应。

（三）细胞水平的放射增敏作用

DNA 辐射损伤修复与细胞放射损伤修复密切相关。一般说来，细胞经一定剂量射线照射后，可发

笔记

生死亡。若将这些细胞置于不利于分裂环境中，可发现细胞的存活率增高，即减弱了放射致死效应。这种现象称为潜在致死损伤修复（potentially lethal damage repair，PLDR）。现代研究发现，肿瘤内乏氧细胞的PLDR能力很强，可能是引起肿瘤复发的诱因，并认为PLDR与DNA修复酶系中的DNA聚合酶β密切相关。有人发现采用PLDR或者DNA聚合酶β酶的修复抑制剂，如虫草素，可增强乏氧细胞的放射效应。

四、放射增敏作用的机制

（一）亲电子放射增敏机制

亲电子放射增敏机制主要包括两方面，一是放射增敏剂从细胞靶分子夺取电子，增加DNA碱基、特别是胸腺嘧啶的氧化和阻止其再吸收电子还原修复；二是抑制细胞内GSH等巯基化合物的放射防护作用。目前公认的具有明显放射增敏作用的MISO主要也是通过与细胞内巯基结合，耗竭细胞内起防护作用的巯基而起增敏作用的。近年来研究发现BSO主要是通过抑制生物体内γ-谷氨酰半胱氨酸合成酶的作用，使GSH合成量减少，非蛋白巯基含量也下降，从而提高增敏效果。二乙氨基二硫代甲酸盐（DDC）能显著降低超氧化物歧化酶（SOD）的活性。由于SOD活性受到抑制，增加了辐射引起的超氧离子的寿命和效力，从而增加对乏氧肿瘤细胞的放射性杀伤。

（二）增强DNA的辐射损伤作用

放射线主要通过影响生物靶分子的结构和功能引起细胞损伤，而DNA是放射损伤的基本靶分子。放射线可引起DNA单链或双链断裂、碱基的破坏或脱落等损伤，其中DNA双链断裂是最重要的致死性损伤。在适当条件下，细胞又可将受损DNA进行断链重接、切除或重组等多种类型的修复，使之恢复生理功能。放射增敏剂通过增加靶细胞受到照射时引起的原发性损伤，即"固定"自由基，增加致死性损伤的发生率，并通过抑制修复系统，抑制亚致死性损伤和潜在致死性损伤的修复，增加放射线的细胞毒作用。如顺铂可通过抑制受损DNA的修复发挥放射增敏作用。

（三）生物还原作用机制

生物还原物除了具有较强的放射增敏效应外，还对乏氧细胞有不同程度的细胞毒作用。生物还原物具有放射增敏和细胞毒双重功能。其乏氧细胞毒性也与该化合物的电子亲和力有关，但与亲电子放射增敏剂的机制不同。生物还原活性物通过生物还原作用对乏氧细胞产生毒性并具有放射增敏作用。

（四）其他增敏机制

放射增敏剂和放射线联合应用能促进肿瘤细胞凋亡；肿瘤细胞对于放射线的反应依赖于在细胞周期中所处的位置，G_2/M期的放射敏感性最高，G_1期有一定抵抗性，而S期尤其是晚S期的放射敏感性最低。产生上述细胞周期放射敏感性差异的原因尚不完全清楚，放射增敏剂的作用就是将细胞阻滞在放射敏感性最高的时期。放射增敏剂紫杉类药物的增敏效应还可能与抑癌基因p53的表达量增加有密切关系。放射增敏剂KIN-806不但能对肿瘤有放射增敏作用，它还有可能抑制肿瘤的转移和提高免疫功能。

五、放射增敏剂的分类

通过对大量的化学物质进行离体和整体筛选，其中放射增敏效应明显、研究比较深入的有：①DNA前体碱基类似物，包括5-溴脱氧尿嘧啶（BrudR）和5-碘脱氧尿嘧啶（LudR）；②乏氧细胞增敏剂，主要是亲电子硝基咪唑类化合物，包括甲硝唑及甘氨双唑钠；③巯基抑制剂，包括巯基耗竭剂和细胞内巯基合成抑制剂；④类氧化合物，如一氧化氮供体（NO）；⑤阻断细胞周期的细胞毒类增敏剂，如紫杉醇类、铂类药物可使不同周期的细胞处于G_2/M期。近年来，科学界对生物还原化合物、DNA修复抑制剂、氧利用抑制剂、能量代谢抑制剂、靶向放射增敏剂、与基因有关的肿瘤放射增敏剂和改变细胞氧合状态的化合物等的研究相当重视，其中有些化合物展示了有临床应用价值的前景。

笔记

（一）DNA 前体碱基类似物

5-碘脱氧尿嘧啶和 5-溴脱氧尿嘧啶的分子结构与正常细胞内 DNA 前体胸腺嘧啶很类似，在 DNA 复制时可取代相应的胸腺嘧啶掺入 DNA 链，抑制 DNA 合成或使这种被取代的 DNA 链变得比较“脆弱”，从而提高放射敏感性。放射增敏作用的程度将随胸腺嘧啶被替代的百分率的增加而加大；由于其可能影响正常组织细胞代谢，因此目前尚不能在临床上推广使用。

（二）亲电子乏氧细胞增敏剂

放射增敏剂最先提出是由于人们发现肿瘤细胞普遍存在乏氧细胞，占 10%～50%。乏氧细胞对放射线的抵抗作用比有氧细胞强 2.5～3.0 倍，即杀灭乏氧细胞所需的放射剂量是有氧细胞的 3 倍，这一剂量是人体所不能耐受的。乏氧细胞也是造成肿瘤放疗后复发的核心细胞团。肿瘤放疗中的一个重要问题是如何提高肿瘤内乏氧细胞的放射敏感性，解决肿瘤内乏氧细胞的放射抵抗性是最理想的放射增敏途径。因此，目前放射增敏作用主要是针对肿瘤内具有放射抵抗性的那部分乏氧细胞而提出的，研究最多的是一类高电子亲和类增敏剂，又称乏氧细胞增敏剂，它只选择性地增加肿瘤组织乏氧细胞的放射敏感性，而对正常有氧细胞没有活性或活性很低。这类亲电子化合物主要的作用是转移受电离辐射损伤的生物靶分子上的电子，而使靶分子的损伤固定下来。乏氧细胞增敏剂与氧最重要的不同是，增敏剂在肿瘤内弥散的过程中不会被细胞很快代谢，比氧扩散得更远，从而到达肿瘤内包括离血管最远处的乏氧细胞。这类增敏剂大部分为硝基咪唑类化合物。

（三）巯基抑制剂

巯基抑制剂包括巯基耗竭剂及细胞内巯基合成抑制剂，通过降低肿瘤细胞内起防护作用的谷胱甘肽（GSH）含量，从而增加电离辐射对细胞的损伤作用。

巯基耗竭剂如乙基马来曲胺能与细胞内的巯基结合，耗竭细胞内 GSH，增加放射对细胞的杀灭，产生放射增敏作用。巯基合成抑制剂，如丁胱亚磺酰亚胺从合成的环节减少细胞内 GSH，达到放射增敏的目的。

（四）修复抑制剂

修复抑制剂包括对潜在致死性损伤（PLD）修复的抑制物和对 DNA 修复酶的抑制物，如阿糖腺苷、5-氟尿嘧啶，该类化合物能阻断肿瘤细胞 DNA 断链修复及抑制参与修复过程的酶。这些化合物的增敏作用主要是抑制细胞的 PLD，从阻断受照射肿瘤细胞 DNA 断链修复及其修复过程的修复酶寻找有效的抑制剂，用作放射增敏药物。

（五）生物还原活性物

这类化合物在乏氧条件下能还原生成一种具有细胞毒性作用的代谢产物，能直接引起肿瘤细胞的死亡，同时可增加某些抗癌药物的细胞毒性作用。该类化合物能选择性地作用于氧供不足的乏氧区细胞，使乏氧细胞的敏感性增加。它包括具有放射增敏和生物还原毒性两种功能的硝基杂环化合物、杂环氮氧化合物和醌类化合物。其中丝裂霉素 C 已用于临床，可使肿瘤细胞 DNA 结构扭曲，阻碍 DNA 的复制，从而加速肿瘤细胞的凋亡。SR4233（替拉扎明，TPZ）属生物还原性化合物，是由美国斯坦福国际研究组合成的生物还原性药物，特异性作用于乏氧病灶，能选择性地在肿瘤乏氧细胞内通过细胞色素酶 P450 激活，生成具有细胞毒的自由基，增加对细胞的杀伤作用。TPZ 能引起 DNA 双链和单链的断裂、染色体畸变，在细胞和整体试验中均具有一定的放射增敏和化学增敏，可能是很有希望的放射增敏剂。

（六）化疗药物

一些临床上常用的化疗药物与放疗同步使用能增加肿瘤细胞的杀灭，其机制可能是增加了 DNA 链对射线的敏感性，也有可能是一种协同或相加作用。从严格意义上来说，化疗药物本身对正常组织有细胞毒性，不能算放射增敏剂。大量研究发现化疗药物既有细胞毒作用，也有增敏作用。其作用机制介绍如下：

1. 铂类　为临床最常用的化疗药物，能直接杀伤肿瘤细胞，同时可诱导癌细胞 DNA 结构改变，有抑制亚致死性损伤修复能力。

2. 紫杉类　可引起肿瘤细胞有丝分裂延迟及凋亡，产生 G_2 和 M 期阻滞，对正常细胞的放射增敏作用远小于对肿瘤细胞的作用。在分子水平主要激活 p53 基因及 bcl-2 基因磷酸化。

3. 嘧啶类似物　氟尿嘧啶、吉西他滨等通过诱导三磷酸脱氧腺苷(dATP)损耗及阻滞细胞周期于 S 期以增加放射敏感性。已有报道临床将其作为增敏剂用于胰腺癌、非小细胞肺癌、膀胱癌等的治疗。

4. DNA 拓扑异构酶Ⅰ抑制剂　主要为喜树碱类，作用于拓扑异构酶Ⅰ产生细胞毒作用，通过形成稳定的 DNA 拓扑异构酶Ⅰ双链复合物，阻断断裂 DNA 链的修复，使可修复的单链断裂变为不可修复的双链断裂。目前临床应用喜树碱衍生物如伊立替康作为放射增敏剂，应用于实体瘤的治疗。

(七) 中草药放射增敏剂

在我国传统中药中寻找有放射增敏效果的药物，并对其提取物或成分的化学结构改造后用于放射增敏实验研究，目前显示出一些潜在的价值。多为扶正培本、活血化瘀、软坚散结等方面的药物，其化学结构可能单一，也可能为复方成分，在某些研究中可看到其有双相调节作用。如马蔺子甲素、中草药多糖提取物、鸦胆子、活血化瘀类药物，既对肿瘤有放射增敏作用，又有保护某些正常组织的作用。

第三节　放射防护剂的生物学原理

一、放射防护剂的概述

在一定范围内，放射治疗后的肿瘤控制率与肿瘤接受的照射剂量成正比。在前面的章节中我们讨论了提高肿瘤放射敏感性的措施，即在正常组织耐受剂量不变的前提下，相对地增加了肿瘤的受照射剂量。在本节简单介绍放射防护剂，即如何通过提高正常组织耐受量或减轻正常组织副反应，从而为提高肿瘤受照射剂量创造条件。放射防护剂就是试图通过提高正常组织耐受剂量来改善这种情况下的治疗效果。与放射增敏剂一样，在使用放射防护剂的时候，应观察肿瘤组织对射线的敏感性变化，如果一个防护剂在提高正常组织耐受量的同时，也提高了肿瘤组织对射线的耐受，那么这个防护剂就没有多大使用价值。同时应注意防护剂对重要器官如肝肾功能的影响，各方面因素进行综合对比后能取得临床治疗获益才可以使用。遗憾的是，尽管这方面的研究不少，真正用于临床且获得认可的药物不多。

二、放射防护剂的概念

在肿瘤放疗过程中，机体正常组织和器官不可避免地受到损伤。在生物体受到电离辐射前给予某种化学物质，有效清除辐射产物游离自由基、补给氢原子或减慢辐射损伤反应而使组织自我修复，具有这种作用的化合物(或药物)称为放射防护剂，又称抗辐射药物，主要用于预防、减轻电离辐射损伤或有治疗作用。

使用放射防护剂的目的是减少放射线对正常组织的损伤，同时不保护肿瘤组织，通常在照射前给予。某些类型的药物在照射后早期给予也能减轻其放射病早期的症状，促进其辐射损伤的恢复，但又不同于针对放射病症状所采取的治疗措施，因而主张这类化合物也应属于放射防护剂的范畴。

放射防护剂的效能用剂量降低系数(dose reduction factor，DRF)表示，指照射联合应用放射防护剂后，达到单纯照射产生相同生物效应所需的照射剂量与单纯照射产生相同特定生物效应所需的照射剂量比值(式 5-1)，即要达到单纯照射时的特定生物效应所增加的剂量，也就是联合应用放射防护剂使单纯的照射剂量对组织的作用降低。

$$DRF = 有放射防护剂时引起致死效应所需的剂量/无放射防护剂时引起致死效应所需的剂量 \quad (式 5\text{-}1)$$

与放射增敏剂一样，放射防护剂可能对肿瘤组织也有一定的保护作用，可以用放射防护治疗的治疗增益因子来表示。只有对正常组织的保护作用大于对肿瘤组织的保护才可以在临床使用。放射防

笔记

护治疗增益因子（TGF）可以用下面公式（式 5-2）表示：

$$TGF = DRF_{nor}/DRF_{tum} \quad （式 5-2）$$

式中 DRF_{nor} 为对正常组织的防护系数，DRF_{tum} 为对肿瘤的防护系数。

为了在放疗过程中尽可能保护正常组织，需要应用放射防护剂以减轻放射线对正常组织的损伤，从而提高治疗比，并改善病人肿瘤治愈后的生活质量。理想的放射防护剂须符合下列条件：①对正常细胞保护而对肿瘤细胞无保护作用；②对正常组织无毒或毒性很低；③有理想的水脂分配系数，易进入或能主动进入正常组织细胞，而进入肿瘤细胞相对慢或不进入；④化学性质稳定，生物半衰期恰当，从而有较长的保护时间段。

三、放射防护剂的种类及机制

放射防护剂包括含硫放射防护剂（主要是硫氢基胺类、硫辛酸及其衍生物）、超氧化物歧化酶（SOD）、香豆素衍生物、有机磷化合物、高分子放射防护剂（如多糖类聚离子、合成聚离子、硫辛酸类聚离子及具有干扰素诱导作用的多聚离子物）、含硒化合物、生物胺类化合物、激素、蛋白酶抑制剂以及细胞因子和中草药（类黄酮化合物、人参提取物）等抗放射药物。其中有些放射防护剂能减轻肿瘤放射治疗时对正常组织的损伤。

真正的放射防护剂是最早发现的一组硫氢化合物，如巯基乙酸、谷胱甘肽、色氨酸、胱氨酸和半胱氨酸等，都是性能相当强的防护剂。它们最主要的特征是有效部分的共同结构为一端有游离基的 SH 基（或潜在的 SH 基），另一端是有一个很强的碱性基团，如氨基或胍基，其间被 2~3 个碳原子直链分开。含硫氢基化合物的作用机制涉及自由基清除和与氧有关的修复反应，这些化合物可增加细胞内还原自由基的物质总量。在有氧存在时，其 SH 基给出一个氢原子，与氧竞争有机自由基，在氧与靶分子反应之前将损伤的 DNA 靶分子修复，从而实现放射防护作用。

第四节　加温治疗的生物学原理

一、加温治疗的概述

目前临床广泛应用的加温治疗，即热疗法（hyperthermia）是一种比较理想的放射性增敏的手段。热和放射线一样，是肿瘤细胞致死的外因。利用任何致热因子使肿瘤内温度均匀升高至 43℃ 以上，加热产生 150kcal/mol 的热能足以引起蛋白质变性，导致细胞死亡。

二、加温治疗的作用机制

加温治疗有着复杂的生物学机制，包括肿瘤热疗的直接杀伤作用（热效应）和肿瘤热疗的间接作用（非致热效应）。热效应表现为热疗可直接破坏肿瘤细胞膜性结构和诱导肿瘤细胞凋亡；非致热效应表现为热疗通过破坏肿瘤血管及血流、抑制肿瘤源性的血管内皮生长因子（vascular endothelial growth factor，VEGF）及其产物的表达、降低 pH、形成超氧化物及自由基、提高机体免疫功能、产生热休克蛋白（heat shack protein，HSP）等间接损害肿瘤细胞。

肿瘤细胞的代谢以无氧酵解作用为主，常处于酸性环境中，而且肿瘤细胞为增殖细胞，因此一般认为肿瘤细胞的热敏感性高于正常细胞，而且正常组织和肿瘤组织在血管及微循环上存在着一定的差别，正常组织有着良好的血液循环，微循环毛细血管经常处于闭合状态，温度增加时毛细血管扩张、血流加速，可以很快将热量带走；而肿瘤内血管不完善、血窦内的毛细血管平常即处于扩张状态，血流相对贫乏，且不受正常机体的调控，因此加热时肿瘤散热困难、热量积蓄，如此则造成肿瘤内部温度要高于周围正常组织 3~7℃，而且肿瘤中心温度又高于肿瘤周边温度，不均匀度达 1℃ 以上。正是由于肿瘤和肿瘤周围的正常组织存在着明显的温度差别，保障了合理的热疗技术在对肿瘤细胞进行杀灭的同时，对肿瘤周围正常组织并不会造成损伤。

笔记

肿瘤组织由于增长过快，随之而来的血管增生远远赶不上肿瘤增长需要。血氧供应缺乏，组织间处于低氧状态，乏氧细胞层和坏死细胞层普遍存在，由于血供不足产生营养供应不足，缺氧糖酵解以及大量酸性代谢产物，加上血管缺乏，使酸性代谢产物输出不畅。以上种种因素使肿瘤组织处于低氧、低营养、低 pH 状态。这种物理环境使细胞对放射线不敏感，热对乏氧细胞的敏感性与对富氧细胞相同，低 pH 及营养不良环境能增加热对细胞的杀灭能力；细胞分裂周期中对放射线抵抗的 S 期细胞对热敏感；肿瘤散热能力差。以上这些热的生物学特性可以与低 LET 放射线相配合，两者并用起到互补的作用。因此，加热结合放疗是一种有效的放射辅助治疗方法。

三、加温治疗对放疗的增敏作用

除直接的细胞杀灭外，热疗可加强放射线对细胞的效应，在加热期间进行照射，即同步治疗，自然就存在热放射增敏。这种加强作用表现为放射效应量的增加但没有质的改变，是一种复合效应，包括依赖于温度和加热时间、直接的放射敏感性的增加及损伤修复的减少等，但氧效应并没有受影响，有氧和乏氧的细胞都同等被热增敏。

热增敏的程度用热增强比（thermal enhancement ratio，TER）表达，即单纯照射和照射加热产生同样效应所需的照射剂量之比。在放疗、热疗合并应用时，亦应注意改善治疗比，即对肿瘤组织的热增敏效应明显大于对正常组织的热增敏效应。有动物实验证实，在照射之后加热将有利于治疗。临床可在照射和加热之间间隔 3~4h 以避免任何对正常组织增敏的可能。

热疗增加放疗的敏感性，其增敏比是目前所有治疗手段中最为有效、增敏比最高的一种手段。热疗的放射增敏机制有以下几点：

（一）抑制放射诱导的 DNA 损伤的修复

尤其是 DNA 双链断裂的修复如人成纤维细胞受到 50Gy 的 X 射线照射后，DNA 双链断裂未修复和错误修复的比例分别为 5% 和 40%；而在照射后给以 45℃ 加热 20min，可使两者的比例分别上升至 13% 和 51%。细胞核内 DNA 双链断裂修复蛋白 MRE11 分布的改变可引起与细胞死亡相关的微核变化，导致放射敏感性增加。另外，加热后 DNA 聚合酶 α 和 β 的活性均明显降低，也认为是热放射增敏的途径之一。

（二）抑制细胞亚致死性损伤和潜在致死性损伤的修复

抑制修复程度与 DNA 双链断裂重接率的降低有较好的相关性。加热抑制修复的种类与治疗顺序有关，两次照射之间加热可抑制亚致死性损伤修复，照射后加热抑制潜在致死性损伤修复，照射前加热则无抑制作用。

（三）细胞周期的再分布

M 期细胞的放射敏感性最高，S 期细胞对放射抵抗而对热敏感。经过放射治疗后，大量 M 期肿瘤细胞被放射线损伤。细胞周期出现再分布，S 期肿瘤细胞数量相对增多，这时再进行热疗，则进入 S 期细胞被热杀伤。加热可使细胞周期再分布，并使多数细胞停滞在 G_1 期和 S 期，增强了热和射线对细胞损伤的互补作用，提高了细胞的放射敏感性。

（四）降低乏氧细胞比例

乏氧细胞对放射抵抗，而加热对氧效应无依赖，对乏氧细胞和有氧细胞均有放射增敏作用。亚高温热疗无直接杀伤作用，增加了肿瘤周围及内部的血流量，肿瘤氧分压增高，从而改善了肿瘤乏氧状态，其热增敏主要是增加了乏氧细胞对放射线的敏感性所致。因此放疗和热疗的联合应用，不仅单单表现为两者对肿瘤细胞的杀伤作用，更主要表现在热疗增加放疗的敏感性。

（五）抑制肿瘤血管生成

射线对肿瘤血管内皮细胞有一定程度的直接杀伤作用，但同时也可诱导血管内皮生长因子表达增加，可保护肿瘤血管免受辐射诱导的细胞毒作用，提高肿瘤细胞的放射抵抗；射线也可激活内皮细胞中一氧化氮（NO）途径，提高 NO 合酶含量，增强其磷酸化作用，促使内皮细胞移动和出芽，诱导新生血管形成。热疗则有使 VEGF 水平下降，抑制内皮细胞增殖和肿瘤新生血管形成的作用。

笔记

综上所述，放疗、热疗联合应用主要有两个不同的机制：热放射增敏和直接的热细胞毒作用。当热疗和放疗同时应用时，热增敏的程度对肿瘤组织和正常组织都是一样的，可在放疗之后加热疗以改善治疗比。热疗细胞毒作用主要表现在热疗在厌氧环境里可直接杀死癌细胞。而肿瘤（尤其是较大的病变）因为血供差导致厌氧、无氧代谢增加、代谢废物不能及时清除，所以肿瘤实际上是处于厌氧环境，即在一个有缺陷的环境中，热对肿瘤细胞有直接杀灭作用而对正常组织没有明显的热损伤效应。这就是临床上为什么大块肿瘤能从热疗联合放疗的综合治疗中获益的重要原因。放疗耐受的细胞如乏氧细胞和 S 期细胞，最容易为中等温度的加热杀灭，而放疗容易杀灭肿瘤周围血供好的富氧肿瘤细胞，如此热疗联合放疗疗效的叠加，除了热增敏比外，各自也发挥自身对肿瘤细胞杀伤作用，有可能后者的作用更为明显。因此热疗和放疗的联合应用可以使疗效得到很好的相互补充，起到优势互补、协同增敏的作用。

本章小结

本章主要讲述了提高放射生物学效应的方法，包括增加氧在肿瘤细胞内的饱和度、应用放射增敏剂、应用放射防护剂及加温治疗。

1. 氧效应和氧增强比的定义，“氧固定假说”以及增加氧在肿瘤细胞内的饱和度的方法。

2. 放射增敏剂是能使电离辐射的生物效应增强的生物或化学物质。描述放射增敏作用的大小有增敏比和治疗增益因子。放射增敏作用过程包括电子转移中的放射增敏作用、DNA 分子水平的放射增敏作用、细胞水平的放射增敏作用。放射增敏作用的机制包括亲电子机制、增强 DNA 的放射损伤、生物还原机制以及其他增敏机制。放射增敏剂主要包括 DNA 前体碱基类似物、亲电子乏氧细胞增敏剂、巯基抑制剂、修复抑制剂、生物还原活性物、化疗药物、中草药放射增敏剂。

3. 放射防护剂是有效清除放射产物游离自由基、补给氢原子或减慢放射损伤反应，使组织自我修复的化合物。放射防护剂的效能用剂量降低系数及治疗增益因子表示。含硫氢基化合物的放射防护机制主要是自由基清除和与氧有关的修复反应。

4. 加温治疗作用机制包括肿瘤热疗的直接杀伤作用（热效应）和肿瘤热疗的间接作用（非致热效应）。加温治疗对放疗的增敏程度用热增强比表示。加温治疗的放射增敏机制包括抑制放射线诱导的 DNA 损伤的修复、抑制细胞亚致死性损伤和潜在致死性损伤的修复、细胞周期的再分布、降低乏氧细胞比例、抑制肿瘤血管生成。

病例讨论

老李和老张是在同一个部门工作多年的老同事，两人年龄相仿，平素身体健康。2008 年两人相继出现无明显诱因下回吸性血涕，伴有颈部淋巴结肿大，完善鼻咽+颈部 MRI 检查、全身骨 ECT 及胸腹部 CT，并结合鼻咽部活检，最终两人被病理确诊为“鼻咽未分化非角化型癌（T3N1M0，Ⅲ期）”。随即两人针对鼻咽原发病灶及颈部转移淋巴结行调强放疗，并予顺铂同步化疗。经上述综合治疗后，老李的鼻咽部病灶得到控制，未出现局部复发，经过多年密切随访，亦未出现远处转移，至今健在，且无明显放射后遗症。老张放疗过程没有老李顺利，中途他因不能耐受口腔及口咽部溃疡所导致的进食疼痛而将放疗暂停一段时间，虽然他也完成了相应的放疗剂量，却于次年出现鼻咽部病灶复发，遂针对复发病灶行再程放疗，不幸的是不久又出现骨转移及内脏器官转移，最终不幸于 2010 年去世。令老张家属百思不得其解的是，两人均按计划完成了治疗，而且两人的诊断、病理、分期以及治疗方式均相同，预后却大相径庭，其中的原因是什么呢？

0502

病例讨论

（汪洋　巩合义）

笔记

0503

扫一扫，测一测

思考题

1. 简述氧效应的含义及机制。
2. 简述放射敏感性的化学修饰剂的类型及主要评价指标。
3. 简述放射防护剂的含义及作用机制。
4. 简述热疗联合放疗的基本原理。

第六章　放射生物学在放疗中的应用

学习目标

1. 掌握：量效曲线的含义、特征和临床意义；正常组织的耐受剂量；串联、并联器官的剂量耐受特点；早反应组织和晚反应组织的生物学特点。
2. 熟悉：治疗时间、剂量率对疗效的影响。
3. 了解：放射增敏剂和防护剂在临床的应用。

第一节　临床放疗中的剂量效应

一、量效曲线的含义

在临床上，器官的耐受性没有明确的界限，是一个较宽的剂量范围，在此范围内，随着剂量的增加，发生某种特定放射毒副作用的危险性将从0增加到100%，即剂量-效应（量效）关系。基于这种关系，可以绘制出量效曲线图，从而描述剂量与反应发生率的函数关系。放疗的量效曲线为"S"形（图6-1），当放射剂量为0时，放射效应趋于0；而放射剂量很大时，放射效应则趋于100%。目前，基于以上特征而设计出三种常用的量效模式：poisson、logistic、probit，以评估放疗中不同剂量照射后产生反应概率之间的关系。

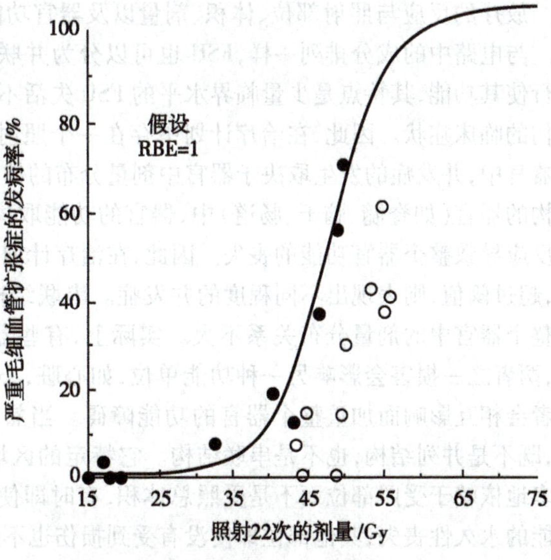

图6-1　临床放疗中剂量-效应关系范例

注：RBE指相对生物效应。

二、量效曲线的临床意义

量效曲线是放疗中绝大多数理论的基础。在临床上，剂量效应常常基于放疗观察指标，对我们理解放疗的理论，形成放疗优化的概念有着深远的意义。此外，随着个体化治疗观点的形成，量效曲线也被认为反映了病人个体的临床放射效应的差异。

三、正常组织并发症概率

在制订治疗计划的过程中，需要综合考虑肿瘤控制概率（tumor control probability，TCP）及正常组织并发症概率（normal tissue complication probability，NTCP）两个方面，通过最大限度提高 TCP、降低 NTCP 来实现低或无并发症的肿瘤控制效果。实验和临床数据都表明，肿瘤和正常组织接受均匀剂量照射时，其 TCP 和 NTCP 剂量效应曲线为"S"形（图 6-2），两条曲线相距较远，治疗比大，对治疗有利；相距较近，治疗比较小，对治疗不利。TCP 不仅是关于照射剂量的函数，而且也会随肿瘤体积的不同而变化。肿瘤体积的增加会改变 TCP 随剂量变化的斜率，而使肿瘤控制的剂量增高（图 6-3）。达到 95% 的肿瘤控制概率所需要的照射剂量，定义为肿瘤致死剂量 TCD_{95}。NTCP 也随剂量的变化而变化。5 年内产生 5%、50% 相应组织器官损伤的概率所需要的剂量，分别定义为正常组织 $TD_{5/5}$ 和 $TD_{50/5}$。

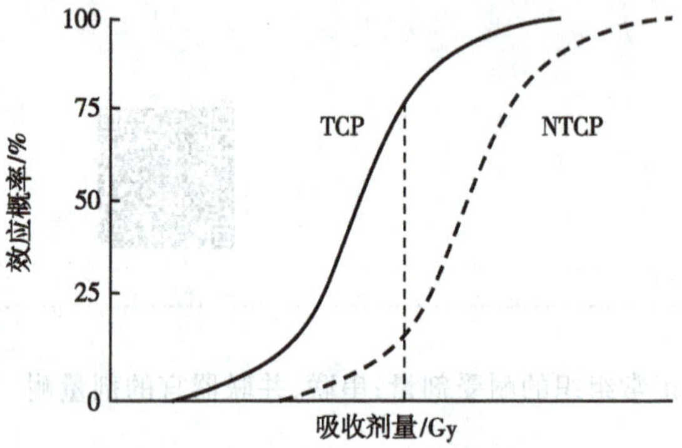

图 6-2　TCP 与 NTCP：剂量效应曲线

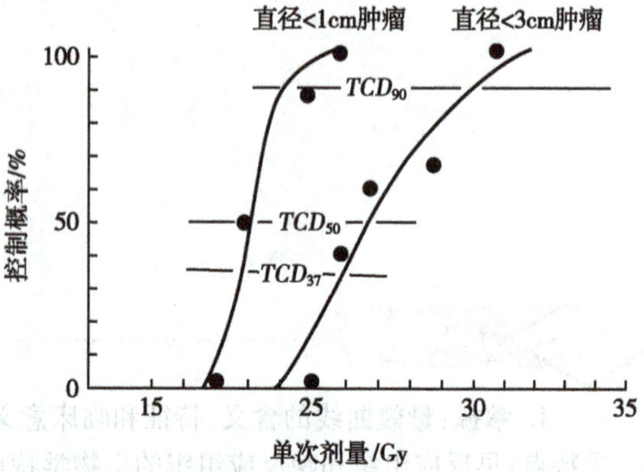

图 6-3　不同体积肿瘤的 TCP 曲线比较

第二节　临床放疗中的体积效应

一、与组织结构有关的耐受剂量

放疗中的耐受性的概念为：某一剂量照射产生损伤的概率。临床放疗要求早期放射反应可以耐受，晚期放射损伤应该避免，尤其是限制器官的剂量不能超量。1988 年 Withers 等首次引进了基于功能性亚单位（functional subunits，FSU）的组织放射耐受性的概念。杀灭的 FSU 数以及破坏的程度取决于组织的内在放射敏感性、照射剂量以及分割次数、总疗程等其他放射生物学参数。结构性组织耐受取决于细胞的放射敏感性以及在限定体积内使成熟细胞群保持在临界水平以上的干细胞的活力。功能性耐受取决于作为一个整体的器官是否能继续行使功能。临床耐受性主要取决于受照射组织的体积。

放疗的反应与照射部位、体积、剂量以及器官功能状态有关，临床结果取决于受照器官 FSU 的排列。与电路中的成分排列一样，FSU 也可以分为并联和串联结构。在并联结构（如肺、肾）中，FSU 单独行使其功能，其特点是少量临界水平的 FSU 失活不会导致整个器官功能的丧失，不会表现出放射性损伤的临床症状。因此，在治疗计划中存在一个照射的阈值体积，在此体积范围内可给高剂量，在这些器官中，并发症的发生取决于器官中剂量分布的体积大小而不是个别高剂量"热点"。相反，在串联结构的器官（如脊髓、脑干、肠道）中，器官的功能取决于每个 FSU 的功能，一个 FSU 的失活即可因连锁反应导致整个器官功能的丧失。因此，在治疗计划中存在一个阈值剂量，低于阈值剂量保持正常功能，超过阈值，则表现出不同程度的并发症。串联结构器官并发症的发生取决于器官中的最高剂量，与整个器官中的剂量分布关系不大。实际上，有些器官中既有串联的功能单位，又有并联的功能单位，两者之一损害会影响另一种功能单位，如心脏，心肌系统属并联结构，冠脉系统属串联结构，而且两者会相互影响而加重整个器官的功能障碍。当然，还有一些混合器官和中间型结构器官，比如大脑，既不是并列结构，也不是串联结构。它特定的区域主导着特定的功能，临床上大脑的放射耐受性更多地依赖于受照部位而不是受照总体积，有时即使是一小部分受损也可导致由此部位控制的特定功能的永久性丧失，其他部位即使没有受到损伤也不可能用来取代受损的大脑。

重要组织器官接受超过一定剂量的照射后会发生严重的放疗并发症，受照射的重要组织器官发生特定并发症的概率因个体差异而具有不确定性。放疗学家根据临床经验总结并估算出放疗中各组织器官的可能耐受剂量阈值，在临床放疗中对受照重要组织器官的剂量作出限定，以防止超过耐受阈

笔记

值而发生严重的放射损伤。

常规放疗中，正常组织的耐受量一般可参考表 2-2。表中 $TD_{5/5}$ 为最小耐受量，指在标准条件下，治疗后 5 年内，5%的病例发生严重并发症的剂量。$TD_{50/5}$ 为最大耐受量，指在标准治疗条件下，治疗后 5 年内，50%的病例发生严重并发症的剂量。此处标准治疗条件是指超高压治疗（1～6MeV），10Gy/周，每天 1 次，治疗 5 次，休息 2d，整个治疗根据治疗总剂量，在 2～8 周内完成。

正常组织的耐受量按局部照射剂量水平划分大致如下（可供常规分次治疗的参考）：①照射 10～20Gy，一些对放射最敏感的组织受到影响，卵巢、睾丸的生殖功能丧失，发育中的乳腺、生长中的骨和软骨有严重的损伤，骨髓功能明显抑制，晶状体混浊并发生进行性白内障，胎儿受 10Gy 照射将死亡。②照射 20～45Gy 的中等剂量范围，整个消化系统，大部分或全部胃、小肠、结肠受照射基本可以不发生严重的并发症，大于 20Gy 生长中的骨与软骨完全停止生长，局部骨髓照射后不能再生，双侧肾、全肺照射 25Gy 以上即有一定比例发生放射性肾炎及放射性肺炎，全肝照射 40Gy 以上，发生一定比例的放射性肝炎，全心照射 40Gy 以上有心肌受损的可能，甲状腺、垂体在一定情况下也受到影响，产生功能低下，淋巴结、生长中的肌肉（不同于成年肌肉）可以萎缩。③照射 50～70Gy 剂量范围，上皮结构中的皮肤、口腔黏膜、食管、直肠、唾液腺、胰腺、膀胱有 1%～5%发生严重并发症，成熟的骨和软骨、中枢神经系统、脊髓、眼、耳和肾上腺等器官，如照射较高剂量（75Gy）将发生严重的损伤，发生率是 20%～50%。④一般临床放射剂量的高水平，照射 75Gy 以上不发生严重并发症的有输尿管、子宫、乳腺（成人）、肌肉（成人）、血液、胆道、关节软骨及周围神经，肺尖可以耐受 60～90Gy 剂量，有些肺尖癌在照射 90Gy 后得到根治。

知识拓展

正常细胞的放射反应

1. 消化道黏膜　大于 40Gy 的照射量会出现不同程度的急性黏膜炎；分次分割量不超过 2.5Gy；为早反应组织。

2. 涎腺　照射 10Gy 后唾液分泌下降；照射 40Gy 后唾液分泌停止；为早反应组织。

3. 皮肤和黏膜　照射 10Gy 后可出现扩张、水肿；照射 55～66Gy 后可出现脱皮、色素沉着。

4. 肺　是中、晚反应组织；总剂量超过 40Gy 的分次照射，将有 10%的人出现放射性肺炎的表现；单次大剂量照射不超过 6Gy；博来霉素、环磷酰胺、莫西汀可加重放射性肺炎。

5. 心脏和血管系统　心脏和大血管属于晚反应组织；40Gy 的照射可以引起浆液性心包炎和毛细血管炎。

6. 肝和肾　均属于晚反应组织；全器官照射 2～3Gy 即可永久损伤；不超过 1/3 体积照射可耐受大剂量分次照射，而且敏感性高。

7. 神经系统　脊髓照射的阈值为 4 周内 44Gy；全脑照射为 5 周 50Gy；周围神经耐受量高。

8. 骨和软骨　生长中的软骨特别敏感，10Gy 就暂停生长；儿童骨骼照射 20Gy 暂停生长。

二、体积效应的临床意义

体积大的肿瘤比体积小的肿瘤难治愈，主要原因是需要杀灭更多的肿瘤干细胞就需要更大的放射剂量。一个疗程的放疗后的肿瘤干细胞存活比例约为 10^{-9}，如肿瘤有 $<10^{9}$ 的肿瘤干细胞则可以通过放疗达到治愈，但如果有 10^{12} 肿瘤干细胞的肿瘤则不能治愈。此外，在大肿瘤中的肿瘤干细胞对治疗的敏感性还更小。随着肿瘤体积的增大，细胞的敏感性有明显的下降。这可能是由于生长中的肿瘤内部的血液供应逐渐变差，造成乏氧细胞比例增加，从而使肿瘤对放疗的抵抗性增加。

目前精确放疗特别是调强放疗（IMRT）、SBRT、质子和重离子放疗迅速发展，许多前瞻性剂量提升的临床试验得以顺利完成，尤其是肺癌和前列腺癌。数据显示，部分器官的放射耐受性明显高于以前二维放疗时代所确定的耐受剂量。随着三维适形放疗（3DCRT）的快速发展，剂量体积直方图（dose volume histogram，DVH）被证实是进行计划评估和计划间比较研究的有用工具，可以在三维空间上明确剂量与局部组织损伤的关系、明确剂量与肿瘤局控的关系。为将来针对肿瘤干细胞的生物靶区的设定打下了一定的基础。

笔记

三、主要人体脏器的体积效应

（一）肺

既往研究发现，当肺受照体积<50%，整个肺功能有一个明显的体积效应。肺的体积效应取决于未照射组织的代偿能力，如有一侧肺的部分受损（以肺炎为观察指标），其他肺组织代偿仍能维持整个肺功能。放射性肺炎的发生率与肺受照射组织的 DVH 有关，但目前尚无确定的理想参数。

（二）脊髓

1. 受照脊髓的长度　动物实验已证实，在受照射长度很短（<1cm）的脊髓中有一个显著的体积效应；如果在受照射的脊髓长度大于 2cm 时，体积效应就不明显了。因此脊髓对损伤的耐受性与照射野的长短相关。

2. 在高剂量区域周围的影响　当只有很短一段脊髓受照时，它的体积效应会被周边小剂量照射的正常组织所抵消。高剂量区与脊髓相对位置的变化会产生不同的局部效应。

3. 侧面剂量分布　在 3DCRT 时，受照脊髓在剂量的侧面分布上也发生变化。如果照射脊髓侧面时，脊髓瘫痪的半数有效量（median effective dose，ED_{50}）为 29Gy；正面照射 ED_{50} 为 33Gy；在 20mm 脊髓内相对均匀地照射，ED_{50} 为 20Gy。这也表明灰质较白质对射线耐受性更高。因此，临床上如果需要选择较高的剂量如接近耐受剂量时，应考虑体积效应。而在脊髓中的体积效应很复杂，它不仅受组织周围剂量的影响，还受侧位剂量分布的影响，目前的 NTCP 模式暂未考虑这些因素。

（三）肾脏

肾组织的体积效应很大程度上受其结构的双重性以及具有很强的储备能力的并联结构的影响。一侧肾的未照射部分能通过放疗后修复和对侧肾脏的代偿维持正常功能。

（四）肝脏

肝脏是典型的并联器官，且储备能力很大。全肝照射大约 30Gy 左右时，就会发生 5%～10%的肝炎，随着照射体积的增大，肝并发症的耐受量减小。

（五）肠道

由于小肠的运动，剂量与体积关系的不确定性则影响其受照剂量，照射野体积不同导致肠道综合征的发病率存在差异。直肠晚期并发症中存在明显的剂量-体积效应关系，超过一定剂量则相关并发症风险会增加（表 6-1）。

表 6-1　部分组织器官常用体积剂量限制参数

器官	剂量限制	器官	剂量限制
脑干	D_{max}<54Gy	肝脏	D_{mean}<30～32Gy
	1%或1cc<60Gy		V_{30}≤50%
脊髓	D_{max}<54Gy	小肠	V_{15}<120cc（小肠）
	D_{mean}<45Gy		V_{45}<195cc（全腹腔）
腮腺	D_{mean}<25Gy		V_{54}<2cc
声门喉头	D_{mean}<45Gy	膀胱	D_{max}<65Gy
肺	D_{mean}<20Gy		V_{60}≤50%
	V_{20}<37%（同步放化疗时≤30%）		V_{70}≤35%
	V_5≤60%	直肠	V_{75}≤25%
食管	D_{mean}<34Gy		V_{80}≤15%
	V_{35}<50%		V_{50}<50%
	V_{50}<40%		V_{60}<35%
	V_{70}<20%		V_{65}<25%
肾脏	D_{mean}<18Gy		V_{70}<20%
	V_{20}<32%		V_{75}<15%
	V_{23}<30%		
	V_{28}<20%		

第三节 临床放疗中的时间效应

一、治疗总时间对疗效的影响

由于在治疗期间肿瘤存在加速再增殖的特性，因此我们常可以观察到延长总治疗时间后，达到一定肿瘤控制率所需要的剂量增加，总治疗时间的延长降低了肿瘤的局部控制率。在头颈部肿瘤和宫颈癌中，延长常规放疗的时间，局部控制率明显下降，每增加一日，局部控制率下降1%~2%。在治疗开始后3~4周内，剂量不需要增加，但以后需要平均每日增加0.6Gy，才能抵消肿瘤细胞的快速增殖。但需注意的是，正常组织黏膜增殖开始于照射后10~12d，且增殖的速度快于肿瘤组织，所以把整个治疗疗程延长到4周以上，就能获得较好的治疗增益。

在分割放疗期间，早反应组织和肿瘤组织都会出现细胞的增殖。早反应组织的细胞增殖有利于放射损伤的修复，急性放射反应在放疗后期逐渐减轻；对肿瘤而言，则需要更大的剂量才能杀灭增殖更多的肿瘤细胞。晚反应组织一般在放疗期间不会发生细胞增殖。增殖动力学的研究发现，在放疗过程中，细胞增殖的速率不一，在某些时间里会出现细胞加速增殖的现象，称为加速再增殖。正常细胞的加速再增殖有明显的临床表现，如鼻咽癌放疗时颈部皮肤反应和胸部肿瘤放疗中放射性食管炎出现于放疗开始后2周左右，至放疗后期，皮肤损伤和食管炎好转，使放射损伤有不同程度的恢复。然而肿瘤在放疗中发生的加速再增殖则产生了更多的肿瘤细胞。在分割放疗中，不同肿瘤的再增殖动力学特性不一样。对多数上皮源性肿瘤而言，在放疗开始后的2~4周，临床上肿瘤开始退缩的时候也是肿瘤开始加速再增殖的时间。因此，分段治疗会使肿瘤局部控制率下降。头颈部鳞癌病人应用相同总剂量照射，采用分段治疗的病人肿瘤局部控制率会明显低于连续治疗的病人。这个现象提示在分段治疗间隔期间，肿瘤存在快速再增殖。

用常规分割放疗治疗对放射性相对不敏感的肿瘤，疗效并不令人满意，且有放射后遗症。20世纪80年代以来，放射生物学家在研究放射生物效应与照射时间-剂量-分割因素等方面取得了实质性的进展，在此基础上提出了非常规分割的放疗方法。非常规分割放疗主要包括3种类型：超分割放疗、加速超分割放疗和大分割放疗。其中，加速超分割放疗的基本原理是缩短总疗程以克服疗程中肿瘤细胞加速再增殖，增加肿瘤的杀灭，同时降低分割剂量以保护晚反应组织，因为晚反应组织的更新很慢，对总治疗时间的变化不敏感。而急性反应由于每周剂量增加而明显加重，早反应组织的损伤则会加重，因而成为这种分割方式的剂量限制性因素。此外，综合应用常规放疗和加速超分割放疗的优势，近年来，一种新的手段——后程加速超分割放疗技术迅速发展，在不增加晚期放射性损伤的同时，可以缩短整个疗程，提高照射剂量，从而提高疗效。后程加速超分割放疗一般是先常规分割照射，后改用加速超分割放疗方案，可以提高肿瘤的局部控制率和病人的长期生存率。

二、治疗剂量率对疗效的影响

（一）治疗剂量率

剂量率是决定一个特定的吸收剂量的生物学后果的主要因素之一。目前剂量率可分为四大范围：①超高剂量率，用ns或μs计算脉冲的照射，在10^9~10^{12}Gy/min的剂量率范围内，主要用于放射生物实验研究。②高剂量率，1~10Gy/min，是目前一般放疗外照射所用的剂量率。③低剂量率，在放疗中用几小时或几天的延续照射，10^{-3}~10^{-1}Gy/min或0.1~1Gy/h，常用于间质内或腔内照射。④极低剂量率，用来进行连续照射的放射生物实验研究。

（二）剂量率效应

剂量率效应是指随剂量率下降，等效照射剂量增加的现象。剂量率效应在近距离放疗中的影响比外照射更明显。临床实践表明，两种相同剂量分布的治疗计划可能由于剂量率的不同而产生完全不同的疗效，这意味着剂量率的作用涉及复杂的放射生物学效应。

（三）剂量率效应的机制

放射生物研究细胞和组织最常用的剂量率是 1~5Gy/min，临床外照射一般也是使用这个剂量率。因此对每次 2Gy 的照射而言，照射时间不会超过几分钟。在这段时间里可发生由照射引起的初始化学反应，但对 DNA 损伤的修复或任何其他生物过程的发生是不够的。随着剂量率的下降，给定照射剂量所需的照射时间延长，照射期间便可能发生一些生物学过程以修饰放射反应，这个过程可用"4R"来描述：再修复、再分布、再增殖、再氧合。

（四）剂量率效应的临床应用

低剂量率照射是分次放疗的最终形式，相当于无限多次分割但没有间隙的治疗，因此损伤的诱导和修复是同步进行的。在临床上，外照射 IMRT 治疗时间较长时，剂量率就有可能降低治疗效应。近距离放疗使用的是连续性低剂量率，通过永久性地或短暂性地将放射性核素（如 ^{125}I，^{103}Pd）插入肿瘤中，或者利用中或高剂量率源的后装遥控设备（如 ^{192}Ir）并选择不同的剂量率与分割次数。目前近距离治疗主要有三种形式，即低剂量率近距离治疗、高剂量率近距离治疗以及脉冲近距离治疗（pulsed brachytherapy）。

早期经典治疗都是采用低剂量率近距离治疗，具有三个主要特点：①物理学优点，由于放射源的实施是在肿瘤内或肿瘤附近，从而可以达到理想的剂量分布。②由于剂量率非常低，而有时在一段时间内持续进行照射，当剂量率低于 1Gy/h 时，照射期间可发生亚致死性损伤的修复，还可出现乏氧细胞的再氧合，从而增加了对乏氧细胞的杀伤。③通常在较短时间内完成照射，因此它的治疗总时间大大短于外照射，可以最大限度地避免肿瘤在疗程期间的再群体化，而在进行高剂量率照射时，应根据生物学原理注意晚反应组织的合理防护问题。^{192}Ir 高剂量率近距离治疗机是以高剂量率、不等剂量率为特点的近距离治疗机，至今已成功开展了多种癌瘤的腔内、管内和组织间插植治疗。脉冲近距离治疗是用强于传统低剂量率近距离治疗的放射源，镜下短时、间断照射来代替持续数天的低剂量率连续照射。

目前普遍认为 IMRT 和 SBRT 是最好的治疗手段之一，它可以提高常用射线在靶区内的剂量，同时减少周围正常组织的剂量。这种高精度是通过复杂的技术来实现的，包括增加子野的数目和加大分割剂量等。因此通常完成一次照射需要较长的时间，甚至长达 30min，但如此一来，增加剂量后产生的生物效应有可能会被治疗中的肿瘤细胞的修复所抵消。因此，新一代的电子直线加速器的出束剂量率可以达到 8~20Gy/min，可以把 IMRT 和 SBRT 的实际治疗时间控制在 10min 左右，从放射生物学的意义上也可以提高肿瘤的局部控制率。

三、早期反应组织和晚期反应组织

根据正常组织的不同生物学特性及对照射的不同反应性，可将正常组织分为早反应组织和晚反应组织两大类。

（一）早、晚反应组织的放射生物学差别

1. 放射性损害的不同机制　早期放射反应的严重程度主要取决于被放射杀灭的细胞数目，而晚期放射反应的发生还与进行性继发损伤有关，如组织中的缺血和纤维化。缺血由血管内皮细胞和血管壁损伤造成，而纤维化也很可能直接与血管内皮细胞被杀伤的程度有关。因此，实际的晚期放射生物学效应主要还是取决于器官实质细胞和血管内皮细胞的损伤。

2. 照射后的反应　早反应组织的 α/β 值>6，SLD 出现较早（照射后 3~4h），修复能力差，但速度快，半修复时间（$T_{1/2}$）仅为 0.5h，在常规分割放疗过程中可发生加速再增殖；晚反应组织的 α/β 值<5，SLD 出现较晚（一般在照射后 6h 左右），修复能力强而慢，半修复时间为 1.5h，在常规分割放疗过程中不发生加速再增殖。

3. 反应出现的时间　放射的早期反应常在治疗开始后 90d 内发生，经过适当的治疗或休息可在数周至 3 个月之内消退，一般只是暂时性的影响功能，为可修复性反应。晚期反应则是治疗开始 90d 之后发生，或是急性放射性毒副作用持续超过 90d 之后发生，其主要表现为病变的进行性发展。

（二）早、晚反应组织不同放射生物学效应的临床意义

1. 分次剂量　晚反应组织比早反应组织对分次剂量的变化更加敏感，加大分次剂量时，晚反应组织的损伤加重，当分次剂量大于2Gy时，晚期并发症显著增加，降低分次剂量会增加组织的放射耐受性。因此，在临床放疗中改变分次照射剂量时应充分注意晚反应组织的耐受性。对于增殖率高和生物效应快的组织，使用每次较小的剂量即可取得较大的治疗增益比。如果分次剂量逐步下降时，晚反应组织的耐受剂量则逐步上升，从而能够在相同的晚反应的情况下获得较佳的肿瘤局部控制率。

2. 间隔时间　要想取得最大的潜在治疗效果，晚反应组织的SLD修复必须完全，这就意味着在每天多次照射时的分次间隔时间要≥6h，正常脊髓组织分次放疗的间隔时间还需更长。

3. 总治疗时间　由于晚反应组织的更新较慢，在放疗期间一般不发生代偿性增殖，故对总治疗时间的变化不敏感，缩短总治疗时间会增加肿瘤细胞的杀灭，但不会加重晚期并发症。而早反应组织存在再增殖，对总治疗时间的变化很敏感，一般来说，缩短总治疗时间，早反应组织的损伤则会加重。肿瘤组织的α/β值与早反应组织相似，对射线的反应类似于肿瘤组织，故在应用LQ公式进行生物等效剂量换算时，可把肿瘤作为早反应组织对待。因此，为了保证肿瘤的控制效果，在不至于引起严重急性反应的情况下，应尽量缩短总的治疗时间。

第四节　放射增敏的临床应用

放射敏感性是指一切照射条件严格一致时，机体器官或组织对辐射反应的强弱或速度快慢不同；若反应强、速度快，其敏感性就越高，反之则低。从细胞放射生物学角度来看，放射敏感性定义为造成一次击中所需的剂量越小，放射敏感性越高。临床上按照放射敏感性把肿瘤分类成：①放射敏感肿瘤，包括恶性淋巴瘤、白血病、精原细胞瘤、肾母细胞瘤等（30~40Gy）。②放射中度敏感的肿瘤，包括鳞癌和腺癌（60~70Gy）。③放射抵抗的肿瘤，包括软组织肉瘤（>70Gy）。根据肿瘤细胞处于不同的增殖周期时相，其放射敏感性也是不同的。有丝分裂期（M）的细胞或接近M期的细胞是放射最敏感的细胞；DNA合成期（S）、晚S期细胞通常具有较大的放射耐受性。同时，氧、营养因素和细胞代谢废物的清除等外部因素也影响其放射反应。还有病人本身的体质差异也会导致临床对放射敏感性减弱，例如贫血、消瘦及心肺疾病等会导致肿瘤内乏氧细胞增加。临床上针对上述情况会采取不同的治疗方法。

一、放疗增敏剂的临床应用

一个理想的放射增敏剂，应该同时满足以下要求：①性质稳定，不易和其他物质起反应；②有效剂量没有毒性或毒性很低；③易溶于水，便于给药；④专对肿瘤细胞，特别是对肿瘤乏氧细胞有较强的放射增敏作用；⑤有较长的生物半排期，并在体内能保持其药物特性，足以渗入整个肿瘤；⑥在常规分次放疗中，较低的药物剂量即有放射增敏效果。遗憾的是，符合上述标准的放射增敏剂目前临床尚未开发成功。

前面章节（第五章第二节）介绍了放射增敏剂的原理和作用机制，下面介绍几种临床上应用的乏氧细胞放射增敏药物和方法：

1. 米索硝唑（Misonidazole，MISO）　MISO是拟氧效应的药物，是在实验研究阶段得到肯定的乏氧细胞增敏剂，但Ⅲ期临床试验结果未能显示其临床放射增敏作用。主要原因可能是肿瘤内达不到增敏所需的药物浓度；剂量增加则会出现中枢神经毒性，尽管这些毒性是可恢复的。另外，人体组织中存在的内源性放射防护物质如还原性谷胱甘肽与电离辐射产生的自由基发生作用，减弱了MISO的放射增敏作用，现在临床上已经不提倡使用MISO。

2. Etanidazole（SR-2508）和Pimonidazole（Ro-03-8799）　SR-2508为硝基咪唑的酰胺衍生物，Ro-03-8799为碱性、亲脂性药物，其放射增敏作用与MISO相同或更强，毒性比MISO低，亲电子性比MISO大，但临床研究结果还是令人失望，疗效并未明显提高，而病人的外周神经并发症很高。

3. 甘氨双唑钠(希美钠,CMNa) 注射用甘氨双唑钠属新型的甲硝唑衍生物——甲硝唑氨酸(钠),易扩散到肿瘤组织,对肿瘤内乏氧细胞有选择毒性,动物长期毒性实验表明其无毒性反应剂量为60mg/(kg·d)。临床试验结果表明,其对头颈部肿瘤、食管癌和肺癌的放射治疗有显著的放射增敏作用,能明显提高肿瘤病人的完全缓解率,未见明显不良反应。

4. 吸入碳合氧($5\%CO_2+95\%O_2$)后可增加肿瘤组织的氧含量,减少乏氧细胞比例,以提高肿瘤组织对射线的敏感性。

5. 使用如肼屈嗪等血管活性类化合物,扩张正常组织内的血管,增加正常组织血流量,使得进入肿瘤组织的血流量相应减少,增加肿瘤内乏氧细胞的比例,以便生物还原活性类化合物更好发挥对乏氧细胞的杀伤作用。

6. 桂利嗪、氟桂利嗪等增加肿瘤组织血管的血流量,提高肿瘤组织的氧合状况,使乏氧细胞对射线的敏感性增加。

7. 氯贝丁酯可与红细胞血红蛋白直接接合,增加血红蛋白释放氧的能力。

8. 促红细胞生成素(EPO)可以纠正病人的贫血,可使肿瘤中心的氧张力提高,改善乏氧状态,从而提高了放射敏感性。但是,在临床上实践中发现使用EPO,有促进肿瘤远处转移的可能性。

9. 中药 马蔺子甲素、中草药多糖提取物、鸦胆子、活血化瘀类药物,既对肿瘤有放射增敏作用,又有保护某些正常组织的作用。

二、化疗药物增敏放疗

目前放化疗联合在许多肿瘤的治疗中已处于主导地位。大部分肿瘤放化疗联合的局部控制率和生存率均好于单纯放疗和化疗。

(一)放射线和细胞毒药物相互修饰的作用机制

1. 直接作用于DNA DNA是放射线作用的主要靶点,放射线直接或通过间接作用产生的自由基引起DNA损伤,包括DNA双链或单链断裂、DNA-DNA交联、DNA-蛋白质交联等,其中DNA双链断裂是导致细胞死亡的主要损伤。5-氟尿嘧啶、顺铂和紫杉醇类等化疗药物,导致DNA更容易受放射线损伤而发挥其放射增敏的作用效果。

2. 抑制DNA损伤修复 放射线照射后引起的潜在致死性损伤和亚致死性损伤可以被机体修复。放射线引起的DNA双链断裂在放疗期间被机体修复,DNA损伤修复能力强的肿瘤放射抵抗性高,干扰或影响DNA损伤修复的化疗药物可以增加肿瘤放射敏感性,如5-氟尿嘧啶、依托泊苷、吉西他滨、甲氨蝶呤、顺铂等,通过影响核苷酸合成或影响核苷酸的利用而发挥放射增加作用。

3. 影响细胞周期进程 细胞处于不同的细胞周期具有不同的放射敏感性,G_2/M期细胞的放射敏感性明显高于S期;许多化疗药物具有明显的细胞周期特异性,化疗后存活的细胞可以出现细胞周期同步化。紫杉类药物可以抑制肿瘤细胞有丝分裂期间纺锤体的形成,引起G_2/M期阻滞而发挥放射增敏作用。核苷类似物氟达拉滨和吉西他滨等,可抑制参与DNA合成和修复S期细胞的各种酶,使处于S期的肿瘤细胞数量明显减少,而增加其放射敏感性。

4. 抑制细胞再群体化 正常组织中细胞数量处于平衡状态,而肿瘤组织中细胞增殖数量明显增多。细胞毒性化疗药物诱导的细胞凋亡是杀死肿瘤细胞的有效机制,放疗与细胞毒性化疗药物的联合应用,可以抑制肿瘤细胞再群体化的发生,增加放射敏感性。

5. 减少肿瘤细胞乏氧 几乎所有肿瘤均存在不同数量的乏氧细胞,肿瘤血管形成与正常组织血管分布有所不同,肿瘤组织中多存在乏氧区域,缺血、缺氧可引起肿瘤坏死。在富氧区域,放射线作用造成的损伤,由于氧分子的存在而使损伤固定而不再修复;而在乏氧状态下,放射损伤可以得到修复而影响放疗疗效。研究表明,乏氧细胞的放射敏感性降低而放射抵抗性增加。化疗药物主要作用于快速增殖的肿瘤细胞,杀灭肿瘤细胞后致使肿瘤体积缩小,使肿瘤乏氧区域得到更多血管、血液和氧的供应,从而减少乏氧区域,增加其放射敏感性,如紫杉类药物。直接作用于乏氧细胞的药物如替那扎明是一种新型生物还原活性物质,对乏氧细胞有特异性的细胞毒作用,可直接导致乏氧肿瘤细胞死亡而增加放射敏感性。

（二）放化疗联合应用中连续输注化疗

多数化疗药物作用于合成期细胞，而大多数上皮性肿瘤合成期细胞占比很小，且多数化疗药物的生物半衰期短，很快从血清中被清除，因此合成期细胞与化疗药物接触的时间就很短。而化疗药物的作用与药物浓度及细胞与药物接触时间有关，因此，延长细胞与化疗药物接触时间将会使更多处于合成期的细胞被杀灭。放疗期间连续输注化疗可达到此目的。

虽然目前连续输注化疗合并放疗的临床经验尚不多，但已在某些方面显示其优越性。晚期头颈部肿瘤，特别是鼻旁窦癌伴骨质浸润破坏的病人，合用化疗可使放疗总剂量稍降低，从而使重要部位的放疗并发症减少。某些肿瘤如肛管癌、低位直肠癌、膀胱癌等，于治愈肿瘤的同时，得以保存器官的正常功能。在巨大的软组织肉瘤中的应用可降低截肢率。在胃肠道及妇科瘤种或其复发及转移的治疗中，连续输注化疗也有治疗增益的作用。

三、分子靶向药物增敏放疗

随着肿瘤形成的分子和细胞新机制的发现，以及放射和药物相互作用机制的深入阐明，增敏的概念可以扩大为包括细胞微环境、血管形成、照射所致膜和信号转导过程、DNA 损伤和细胞周期紊乱、凋亡、分化等的一系列非常复杂的领域。这些新的研究方向将衍生出具有临床应用前景的治疗方法。因此广义的放射增敏作用是指某些化学物质具有能使电离辐射的生物效应增强的作用，这些化学物质均可统称为放射增敏剂。

近来，分子放射生物学的研究揭示细胞的放射敏感性受其内部因素的影响，如细胞周期时相、细胞凋亡启动、DNA 损伤修复、抑癌基因的突变等。因此，目前研究的重点是精准靶向抗癌药物，即“分子靶向药物”，可以特异性地参与细胞存活、与生存环境及其他细胞之间的相互作用，调控与放疗不良反应相关的分子间信号及分子相互作用。

（一）分子靶向药物与放疗结合

诸多临床前期和临床试验均证明分子靶向治疗与放疗的结合是一种有效的治疗。肿瘤和正常组织对射线反应的放射生物学特性和基础已经广泛研究，基于其中的分子机制，我们可以发现有治疗增益作用的分子靶点，尽管分子靶向药物本身只能抑制实体肿瘤，但与可杀灭肿瘤干细胞的放疗联合应用，可以实现特异性的靶向治疗。许多分子靶向药物与放疗结合在临床上已经显示了一定的疗效，但是很多机制上的问题还有待进一步研究。

（二）分子靶向药物与放疗结合的临床应用

1. 表皮生长因子受体抑制剂　目前绝大多数靶向治疗的临床经验来自头颈部肿瘤和肺癌。表皮生长因子受体（epidermal growth factor receptor，EGFR）高表达的肿瘤侵袭性强、对细胞毒性药物及射线呈抵抗状态，EGFR 在 DNA 损伤修复活化、抗凋亡以及放射治疗后肿瘤细胞再增殖中发挥着重要作用。放疗本身能够激活 EGFR 信号途径，EGFR 自身磷酸化水平增高，导致 EGFR 活化以及下游分子通路激活，同时研究显示 EGFR 表达与分期晚和放疗后预后差密切相关。EGFR 在头颈部鳞状细胞中过度表达，EGFR 过度表达病人中放疗的疗效明显差于低表达者，抑制 EGFR 有可能抵消了内在乏氧相关的放射拮抗机制。回顾性临床试验显示，只有高度表达 EGFR 的病人才能从加速放疗中获益，也显示了 EGFR 有可能参与肿瘤干细胞的加速再增殖。

2. PD-1/PD-L1 免疫检查点抑制剂　如今 PD-1/PD-L1 免疫检查点抑制剂在许多抗肿瘤治疗中已广泛应用，美国食品药品监督管理局（FDA）已批准用于黑色素瘤和非小细胞肺癌。放疗被认为可以增强抗肿瘤的免疫反应。尽管放疗和免疫治疗的应用顺序尚无定论，但放疗前应用免疫治疗，激活的免疫微环境也许可以使放疗的作用达到最大化。因此，PD-1/PD-L1 抑制剂是一个潜在的放疗增敏剂，需临床数据加以验证。

放疗与其他一些靶向药物，如抗血管生成剂、信号通路途径抑制剂、酶抑制剂、肿瘤坏死因子相关凋亡诱导配体结合时，无论在体内还是体外都显示了一些乐观的效果，但这些新靶向药物与其他治疗手段结合时还需有完善的临床前期和临床试验。而且，在放疗与分子靶向制剂联合使用时，还有许多问题有待解决。对这些新的治疗方案相互作用的原理的进一步探索最终有利于有效生物标记物的研发,使临床医师能够充分地利用分子靶向药物的优势来提高放疗的疗效。

知识拓展

吉米·卡特:我为PD-1代言

美国第39任总统吉米·卡特在2015年8月确诊晚期黑色素瘤,当时癌细胞已从肝脏移到脑部,已经没有治疗方法。这时候,PD-1免疫治疗正好在做临床试验,卡特就加入临床试验、开始接受放疗和PD-1免疫治疗。同年12月6日,他发表声明称脑MRI提示脑部癌细胞消失。PD-1抑制剂药物随之声名大噪。

其后多篇关于PD-1免疫治疗恶性肿瘤突破性进展的文章在《新英格兰医学杂志》《柳叶刀·肿瘤》等著名杂志上发表。而发现PD-1/PD-L1位点的日本科学家本庶佑则获得了2018年诺贝尔生理学或医学奖。

第五节　放射保护的临床应用

一、放射保护剂的临床应用

放射防护剂是指降低细胞放射反应的化学因子,能保护正常组织不受或少受射线的影响,但又不降低放射对肿瘤的杀伤效应,从而可增加射线的剂量以达到杀伤更多肿瘤细胞和减少正常组织损伤的目的,它们一般通过清除自由基产物而间接影响辐射。

自1948年发现半胱氨酸至今的50多年中,又有4 000多种放射防护剂问世。目前临床应用最多的是乙基硫代磷酸酯,即氨磷汀(Amifostine,AMFS),曾称为WR2721,是目前放射防护剂的代表性药物,对大多数正常组织均有防护作用。氨磷汀是美国FDA认可的放疗、化疗保护剂,已经应用于临床。氨磷汀是一种天然巯基,本身无保护作用,其防辐射作用的机制是通过浆膜结合碱性磷酸酶的脱磷酸作用形成代谢产物WR1605,来清除自由基,保护细胞免受损伤,即除氧功能增强和引起氧含量降低所介导的,这正是巯基氧化反应产生的作用。氨磷汀对正常组织起到防护作用,可能的原因之一是肿瘤组织的血运较差,药物能够很快地主动进入正常组织,而进入肿瘤相对较慢。因此氨磷汀对肿瘤的防护远比对正常组织的低。它对造血系统、胃肠道黏膜,尤其是唾液腺有很好的防护效果,但药物不能通过血-脑屏障,因此不能保护脑组织。氨磷汀对正常及肿瘤组织放射防护作用的差异,将为其在肿瘤放射治疗中的应用提供理论基础。

含硫放射防护剂的缺点是毒副作用明显,只有达到中毒剂量才显示抗辐射活性,而硫辛酸及其衍生物放射防护剂毒性较低。硫辛酸具有活泼的双硫基,对损伤的能力不平衡的蛋白质或核酸分子的能量转移起到放射防护作用。硫辛酸衍生物硫辛酰胺具有相似的作用,且其化学性质更稳定,吸收迅速。

临床上试用的其他放射防护剂还有皮肤防护剂,其主要成分也是硫氢基化合物,一般制成乳膏剂,用于乳腺照射、颈部、面部及会阴部表浅病变电子束放疗时,因这些部位的皮肤表面照射剂量分布较高或皮肤耐受量较低,易于糜烂破溃,影响外观美容。使用方法为放疗前均匀涂抹于照射区域,一般主张于放射治疗开始即使用,而不是在出现皮肤放射反应后才使用。

二、临床上保护正常组织的措施

在提高放疗疗效和保护正常组织方面,从生物学角度所做的尝试有:放射增敏剂的研究、放射防护剂的研究、改变正常组织氧含量的研究、放疗合并加热治疗、高LET治疗肿瘤的探索、肿瘤和正常组织放射敏感性的预测等。

(一)放疗计划的生物学优化

在现代肿瘤放疗中,放疗计划的评估通常是根据治疗计划系统(treatment planning system,TPS)观察轴位、冠状位、矢状位等二维模式下等剂量线的分布情况,并查看靶体积和周围正常器官的剂量体

笔记

积直方图(dose volume histogram,DVH)。DVH 由靶区和周围正常器官组织中的 3D 剂量分布以 2D 形式表达体积与剂量的关系,是治疗计划优劣评估的有效工具。但随着 IMRT 等技术的发展,肿瘤和正常组织的剂量分布更加复杂,不均匀程度也相应提高,特别是对于正常组织来说,剂量的不均匀性分布更加明显。目前,大部分放疗计划系统使用的评估和优化手段是基于物理剂量或剂量体积,但也有部分系统尝试使用基于 TCP、NTCP 等模型的生物学优化方法。生物优化直接与放疗的生物效应相关,有助于更加准确地预测疗效及副反应,但其数学模型的优化以及生物学基础和临床应用方面尚需进一步研究。

(二)分次照射

肿瘤和正常组织都有修复损伤的能力,然而由于两者组成的成分和特性的不同,因此其恢复的程度及生长情况都不相同,简要归纳如下:①正常组织受照射后细胞增殖周期的恢复快于肿瘤细胞,肿瘤照射后可见 G_2 期显著延长,这是由于肿瘤组织内一部分细胞处于乏氧状态,因此,SLD 较慢。②照射后肿瘤可能有暂时的加速生长,但这种生长速度比不上正常组织为修复损伤而出现的增殖加速。③肿瘤细胞群内的生长比例本来就较正常组织大,处于细胞周期活动的细胞多,受致死性损伤的细胞也就比正常组织多。④正常组织修复能力比肿瘤组织快而完整,因此,在两次照射的间隙正常组织能有较好的修复,在下一次照射之前基本恢复到正常状态;但肿瘤组织的恢复就极差。如此反复,在分次照射的过程中,两种组织的放射效应就逐渐地出现差别。分次放疗中可利用正常组织和肿瘤组织放射效应的不同,达到杀灭肿瘤细胞保护正常组织的目的。在分次照射实践中,由于肿瘤本身以及病人的异质性而使放疗的疗效有相当大的差异,进一步了解各种肿瘤的内在诸因素的规律性和照射后各种变化的规律性,将极大地提高临床放疗的主观能动性,可以针对性地利用对正常组织和肿瘤组织有利及不利的条件,采取各种措施增大正常组织和肿瘤组织对射线反应的差异,提高放疗的效果从而保护正常组织。

应用分次照射的目的是为了更好地消灭肿瘤,减轻正常组织损伤。分次照射中的"4R"概念是理解肿瘤和正常组织对分次放疗反应的重要环节。随着对肿瘤及正常组织在分次治疗时"4R"的深入了解,将能为设计新的提高放疗效果的分次照射方案提供有力的生物学依据。

(三)正常组织放射损伤的预防和治疗

目前对于正常组织放射损伤的预防和治疗主要致力于改善照射野设计和治疗方案。近年,有试验证实在放疗时同步低氧吸入能保护正常组织和免疫机制。由于高压氧可刺激乏氧组织内微循环的新生,因此,认为照射后用高压氧可防治由于微循环被破坏而造成的放射损伤。药物性(含中药)的防治手段更多,但研究比较分散,所用药物和针对的组织各异,尚缺乏成熟的药物和方案。

本章小结

1. 在临床上器官的耐受性没有明确的界限,在剂量范围内,随着剂量的增加,发生某种特定放射毒副作用的危险性将从 0%增加到 100%。它反映了病人个体的临床放射效应的差异。

2. $TD_{5/5}$ 为最小耐受量,指在标准肿瘤条件下,治疗后 5 年内,因放疗造成严重放射损伤的病人不超过 5%。$TD_{50/5}$ 为最大耐受量,指在标准治疗条件下,治疗后 5 年内,因放疗造成严重放射损伤的病人不超过 50%。

3. 结构性组织的耐受性取决于细胞的放射敏感性而与受照体积无关。功能性组织的耐受性取决于组织结构和功能性储备能力。

4. 肿瘤存在加速再增殖的特性,延长总治疗时间后,达到一定肿瘤控制率所需要的剂量增加。因此总治疗时间的延长会降低肿瘤的局部控制率,缩短整个治疗时间能提高治疗疗效。在分割放疗期间,早反应组织、晚反应组织和肿瘤组织都会出现不同程度的细胞增殖和损伤的修复。

(陈勇 巩合义)

笔记

扫一扫，测一测

思考题

1. 简述量效曲线的临床意义。
2. 简述放射敏感性的影响因素。
3. 简述高 LET 射线的特性。
4. 简述早反应组织和晚反应组织的放射生物学差别。

笔记

第七章　放射生物学在各种肿瘤治疗中的应用

学习目标

1. 掌握：各种肿瘤的放射生物学特点、临床治疗原则及临床常用治疗方法。

2. 熟悉：各种放疗治疗方式在具体肿瘤治疗中的优、缺点；各种放疗治疗方式的具体实施方法。

3. 了解：各种肿瘤的解剖学特点、病理学特点。

第一节　鼻　咽　癌

一、放射肿瘤学特点

（一）解剖学特点

鼻咽位于鼻腔的后方，蝶骨体的下方，呈不规则的立方形状。鼻咽腔共分为六个壁，即顶壁，顶后壁，左、右侧壁，前壁和底壁（图 7-1）。

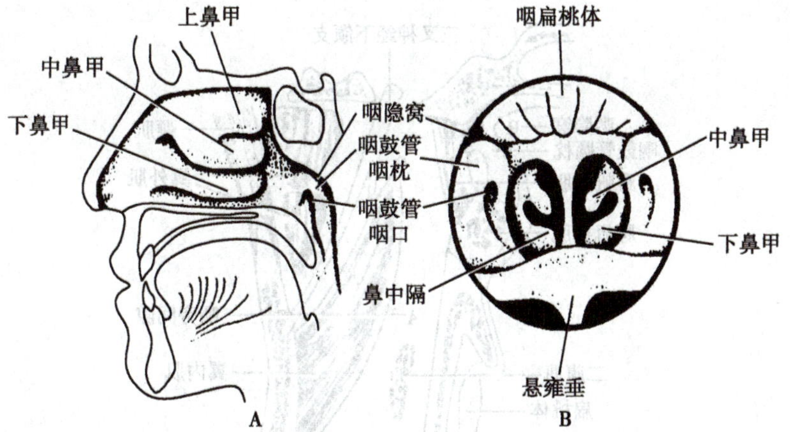

图 7-1

A. 鼻咽矢状面解剖示意图；B. 间接鼻咽镜直观图。

1. 鼻咽各壁结构

（1）顶壁与顶后壁：鼻咽的顶壁位于蝶窦底部，由于顶壁与后壁之间没有明显的角度边界，其顶后壁主要是由蝶窦底、枕骨基底部和第 1、2 颈椎构成，呈圆拱形的穹窿状，即从后鼻孔上缘向后下延伸至软腭水平为止。

笔记

（2）左、右侧壁：鼻咽左、右侧壁基本对称。其侧壁主要由腭帆张肌、腭帆提肌、咽鼓管咽肌和咽管软骨组成。由软组织包绕咽鼓管的隆突样结构，称为耳咽管隆突，咽鼓管隆突的后上方为咽隐窝。咽隐窝呈圆锥形，深约 1cm，其尖端向上与颅底破裂孔相距约 1cm。该区是鼻咽癌的好发部位，也是鼻咽癌侵入颅内的重要途径之一。

（3）前壁：由鼻中隔后缘、下鼻甲后端以及左、右后鼻孔组成。上端与顶壁相连，两侧与咽鼓管前区相接。

（4）底壁：由软腭的背面及其后方的咽峡部构成。

2. 咽筋膜及咽旁间隙

（1）咽筋膜：咽筋膜包括鼻咽顶壁及顶后壁黏膜下内侧的咽颅底筋膜、外侧的颊咽筋膜以及分隔咽旁组织结构的筋膜。

（2）咽旁间隙：以咽部筋膜、茎突和咽旁的肌肉为界把咽旁间隙划分为鼻咽腔外侧的咽侧间隙和鼻咽腔后方的咽后间隙。咽侧间隙又以茎突为界被分为茎突前间隙和茎突后间隙（图 7-2，图 7-3）。①茎突前间隙：其内有颌内动脉及其分支、下齿槽神经、舌神经和耳颞神经通过，三叉神经下锁支自卵圆孔出后即在此间隙内穿行。②茎突后间隙：前方与茎突前间隙相接，其内与咽后间隙为邻。自内而

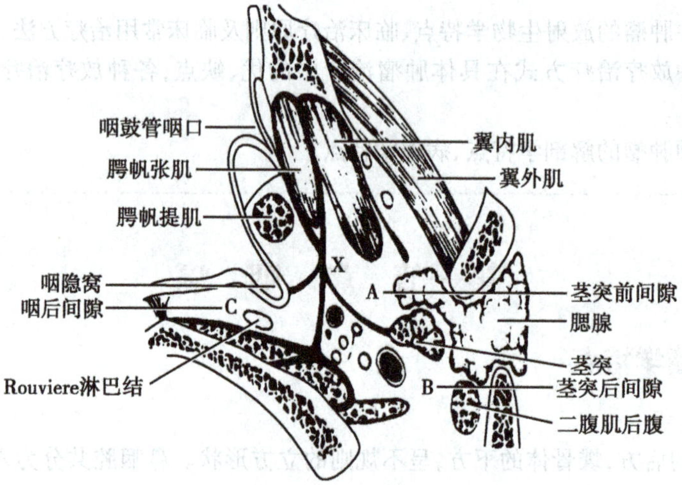

图 7-2　咽旁间隙解剖横断面示意图

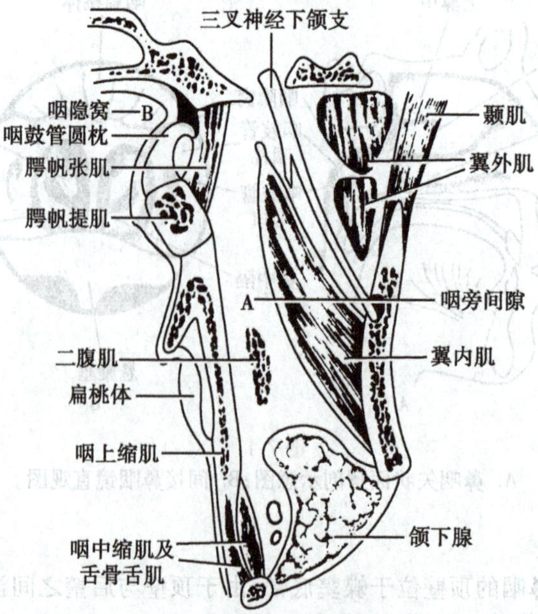

图 7-3　咽旁间隙解剖冠状面示意图

外有颈内动脉、第Ⅸ～Ⅻ对脑神经、颈交感神经的颈上节、颈内静脉以及颈静脉淋巴链在此穿行。③咽后间隙：位于鼻咽腔后正中，前壁为颊咽筋膜，后壁为椎前筋膜，以中线为界被纤维隔分为左、右两侧，其内有咽后内、外侧两组淋巴结。

（二）病理学特点

鼻咽癌的病理组织学分型目前仍没有统一标准。我国普遍使用1991年世界卫生组织（World Health Organization，WHO）推荐的分类方法。但仍有少数医院使用1991年全国肿瘤防治研究办公室出版的《鼻咽癌诊治规范》中推荐的分类方法，两种分类标准对照见表7-1。在国际上已经广泛使用WHO的病理分类。

表7-1　鼻咽癌的国内与WHO病理组织学分类对照

1991年国内分类	1991年WHO分类
高分化鳞状细胞癌	角化性癌
中分化	非角化癌
低分化	分化型非角化癌
泡状核细胞癌，梭形细胞癌	未分化型非角化癌
未分化癌	未分化癌

（三）放射生物学特点

1. 鼻咽癌 α/β 值为16Gy，为早反应组织，对分次剂量变化不敏感，这反映了在基础靶细胞存活曲线中曲率较小，提高总剂量，可以提高肿瘤放射剂量，增加局部控制率。

2. 鼻咽部周边的组织大多为晚反应组织，如肌肉、血管、神经，晚反应组织与多数肿瘤相比有着更强的亚致死性损伤修复能力，随着单次分割剂量的降低，晚反应组织可耐受更高的物理剂量，从而可以提高肿瘤组织的放疗剂量，有可能转化为较高的肿瘤控制率。

3. 鼻咽部周边的早反应组织主要有口腔黏膜、皮肤等，在一定范围内，分割剂量降低，其等效总剂量升高不明显，毒性反应可控。

4. 鼻咽癌属上皮源性肿瘤，在放疗的后程，约放疗4周会出现增殖加速。

5. 单次分割剂量的降低可以降低肿瘤细胞的氧增强比，从而增强肿瘤内乏氧细胞的放射敏感性。

6. 鼻咽癌大部分为鳞状细胞癌，对放射线中度敏感。

二、治疗原则及方法

（一）治疗原则

鼻咽癌多属低分化鳞癌，恶性程度高，容易发生淋巴结和血行转移。鼻咽部又深居头面部中央，毗邻重要器官、血管和神经组织，如脑、颈段脊髓、眼球、垂体等，单纯手术难以根治。然而，鼻咽癌对放射线具有较高的敏感性，原发肿瘤及颈部淋巴结转移容易被包括在照射范围内，因此，放疗是鼻咽癌的主要治疗手段。

1. 早期鼻咽癌　早年以常规根治性放疗为主，或体外常规照射辅以鼻咽腔内高剂量率近距离后装推量照射，现在则以调强放射治疗为首选。

2. 无远处转移中晚期鼻咽癌　可配合同步化疗，或同步靶向治疗，或诱导化疗后同步放化疗，以期提高局部、区域控制率，降低远地转移率。

3. 远处转移的晚期鼻咽癌　以化疗为主，辅以局部姑息性放疗。

（二）放射治疗方法

1. 常规分割法　为鼻咽癌放射治疗最常用的剂量分割方法。即每周连续照射5d，1次/d，DT 1.8～2Gy/次。根治剂量DT 70～72Gy/35～40次/7～8周，预防剂量DT 50Gy/25～28次/5～5.5周。

2. 超分割法　即每天照射2次或2次以上，一般为2次，2次间隔至少6h以上，每次的剂量比常规放疗为低，总疗程与常规放疗相似，总剂量较常规放疗提高。这样，可以提高肿瘤的放射剂量，从而提高肿瘤的局部控制率，而不增加正常组织的后期损伤。因为每次较小的剂量可以使后期反应正常组织耐受更高的剂量，而给肿瘤更高的生物等效剂量。另外，超分割照射1d要照射2次或以上，可以

笔记

通过细胞周期的再分布，而使不敏感的细胞进入敏感时期，并给予杀灭。同时每次剂量较低，可以增加乏氧细胞的放射敏感性，降低氧增强比。

3. 加速超分割法　是每天给予2次或2次以上的照射，每次剂量与常规放疗相似或略低，总的剂量与常规放疗相似，而总疗程较常规放疗缩短。它的理论基础为肿瘤在放疗过程中有肿瘤干细胞的加速再增殖，这种加速再增殖大多发生在放疗开始后的3～4周，而这就需要更多的剂量来抵消这种再增殖，从而提高肿瘤的局部控制率。采用加速超分割的方法，可以缩短总疗程，减少放疗过程中肿瘤干细胞加速再增殖的机会，在特定的剂量下，提高肿瘤局部控制率。但病人的急性反应增加，对后期反应组织影响较小，从而获得治疗增益。

第二节　食　管　癌

一、放射肿瘤学特点

（一）解剖学特点

食管是一个管状的肌性器官，上端起自咽部下口（环状软骨下缘），相当于第六颈椎水平下端，止于贲门，相当于第十一胸椎水平。成人的食管长度通常为25cm左右，其中男性为25～30cm，女性为23～28cm。自门齿到食管入口约为15cm，到气管分叉水平约为26cm，自门齿到食管末端约为40cm。食管的分段通常采用UICC的分段法，即食管入口到胸骨上切迹处为颈段；胸骨上切迹到气管分叉处为上胸段；气管分叉到贲门全长的上半部为胸中段；气管分叉到贲门全长的下半部为胸下段。食管有三个生理狭窄，分别位于食管入口、主动脉弓和食管膈肌入口处（图7-4）。

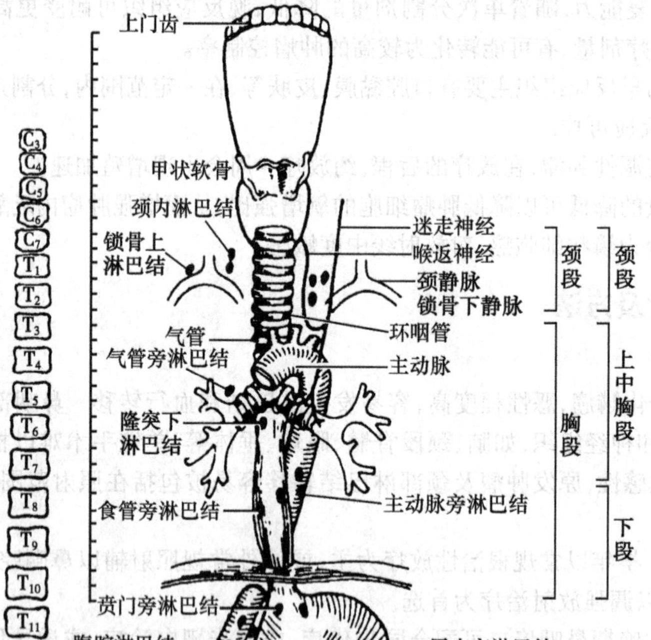

图7-4　食管解剖及淋巴引流示意图

（二）病理学分型

食管癌的组织学类型主要分为鳞状细胞癌，最多见，约占90.8%，腺癌，约占3.8%，其他如黏液表皮样癌、腺样囊性癌、未分化癌、腺棘癌、黑色素瘤、癌肉瘤等极少见。

（三）放射生物学特点

1. 食管癌α/β值较低，为4.9Gy，属晚反应组织，对分割剂量变化比较敏感，增大分割剂量有利于增加肿瘤杀灭效应。

2. 周围正常组织包括肺、心脏、臂丛神经 α/β 值约为 3Gy，亦属晚反应组织，在放疗期间（数周内）一般不会发生代偿性增殖，对总治疗时间的变化不敏感，缩短总治疗时间，可以增加肿瘤的杀灭效应，而不会加重晚反应组织的损伤，减少受照射剂量可能会减轻正常组织反应。

3. 食管癌属上皮源性肿瘤，在放疗的后程，约放疗 4 周会出现增殖加速。

4. 单次分割剂量的降低可以降低肿瘤细胞的氧增强比，从而增强肿瘤内乏氧细胞的放射敏感性。

5. 食管癌大部分为鳞状细胞癌，对放射线中度敏感且放化疗联用时，化疗药物可起到增强放射敏感性作用。

二、治疗原则及方法

（一）治疗原则

食管癌早期应以手术为主，颈段及上胸段食管癌可行根治性放射治疗，对中晚期食管癌应行综合治疗。治疗方法的选择应根据病期、病变部位和长度、侵犯范围、有无穿孔和出血征象，病人的一般状况、是否伴有严重的内科并发症以及有无转移等具体情况，制订合理的个体化治疗方案。食管癌放射治疗的基本原则如下：

1. 早期食管癌　因内科疾病不能手术时，可常规行根治性放射治疗，Ⅲ期以上病人姑息性放射治疗为主。

2. 颈段及上胸段食管癌　由于手术比较困难，且发生并发症的危险性大，5 年生存率较低，而放射治疗的效果与手术基本相同，故应首选放射治疗。

3. 中段食管癌　因手术和放射治疗的疗效接近，则应根据病人的具体情况选择手术或放射治疗。

4. 下段食管癌　由于易发生腹腔等处淋巴结转移，而且手术切除率较高，5 年生存率也高，应首选手术。

5. 对中晚期病人单纯手术切除困难者可行术前放射治疗。

（二）治疗方法

1. 常规外照射　1.8～2Gy/次，1 次/d，5 次/周，原发病灶总剂量 60～70Gy/6～8 周为宜，淋巴引流区的预防照射剂量为 50Gy。

2. 非常规分割照射　近年来，随着放射生物学等基础理论研究的不断进步，人们对肿瘤常规分割放射治疗中的肿瘤细胞加速再增殖有了更加深刻的认识和了解。在肿瘤细胞发生加速再增殖时，进行加速超分割放射治疗，可以克服食管癌细胞的加速再增殖，并能够抑制肿瘤亚临床病灶和潜在致死性损伤的修复，从而提高疗效。目前临床上食管癌放疗常用的超分割治疗法有：

（1）全程加速超分割放射治疗（CHART）：1.5Gy/次，3 次/d，7d/周，连续照射 12d，总剂量 54Gy。为疗程最短，周剂量最高的分割方式，局部控制率较高。

（2）后程加速超分割放射治疗（late course of accelerated hyperfractionated radiation therapy，LCAHF）：比较常用，方法是前 4 周 2Gy/次，5 次/周，剂量达 40Gy 后，采用加速分割照射，1.5Gy/次，2 次/d，间隔 6h 以上，总剂量达 60～65Gy，使总疗程缩短 1 周以上，但是急性反应增加。

（3）分段加速超分割（SCAHF）：1.5Gy/次，2 次/d，每周 5d，照射 20 次后休息 2 周后再连续加速超分割照射，总剂量 65～70Gy/6 周。

（4）大分割放射治疗：有临床研究分析了 101 例食管癌大分割治疗结果，照射剂量为：45～52.5Gy/15～16 次/3 周，3 年生存率 27%，但生存 3 年以上的 20 例病人中 5 例出现食管狭窄。

第三节　肺　　癌

一、放射肿瘤学特点

（一）解剖及淋巴引流

肺位于胸腔内，左、右各一，表面覆盖脏层胸膜，在肺门和下肺韧带处与壁层胸膜相延续。脏层胸

笔记

膜与壁层胸膜间存有胸膜腔，两者间可以分离及滑动，病理状态下如肿瘤侵及胸膜腔可引起胸腔积液或气胸。

左肺两叶，右肺三叶，气管上端起自环状软骨下缘，进入上纵隔并大致在第5胸椎处分叉形成左、右主支气管，气管分叉处也称为隆突。

肺根由支气管、肺动静脉、支气管动静脉以及神经、淋巴结、淋巴管组成，其结构之间为疏松结缔组织，周边为胸膜所包绕。肺根结构进出肺脏的部位称为肺门。左、右主支气管经肺门入肺后，在左肺分出左肺上叶支气管和下叶支气管，在右肺分出右肺上叶支气管和中间段支气管，为中下叶支气管的共同通道，长2~3cm，中间段支气管再分出中叶和下叶支气管。

不同肺叶肺癌的淋巴引流途径是不同的。①上叶引流：右上叶淋巴主要引流至右侧气管旁淋巴结，左上叶淋巴主要引流至主动脉旁和主动脉下淋巴结，也可能至对侧上纵隔静脉角。②中叶和下叶淋巴引流：左、右下叶淋巴引流至肺门和隆突下淋巴结，并进一步至右侧气管旁淋巴结，左下叶也可引流至左侧气管旁淋巴结（图7-5）。③跳跃性转移：手术切除肺癌标本显示7%~26%的肿瘤不经肺门和叶间淋巴结而直接引流至纵隔淋巴结。

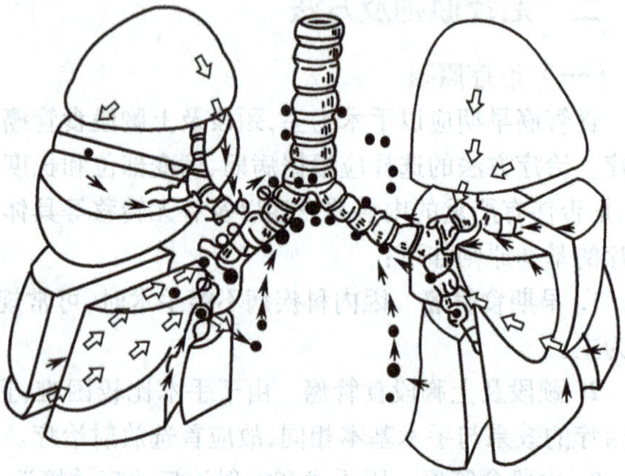

图7-5　肺淋巴引流示意图

（二）病理学特点

肺癌主要有四种常见病理类型：鳞癌、腺癌、大细胞癌和小细胞未分化癌。前三种统称为非小细胞肺癌，占所有肺癌病例的75%~80%。既往鳞癌是最常见的病理类型，但近些年来东亚地区腺癌发病率不断上升，在女性中表现尤为明显。

（三）放射生物学特点

1. 非小细胞肺癌放射生物学特点

（1）对放射线中度敏感。

（2）增殖速度快，属于早反应组织，周围组织如肺组织、心脏，属于晚反应组织且具有明显的体积效应。肺癌组织细胞放疗后修复能力比肺组织细胞弱，但增殖能力较肺组织细胞强。由于肺属于晚反应组织，具有明显的分割照射敏感性，降低每次照射剂量会增加肺的耐受性，而很少影响肺癌的耐受性。

（3）根据放射生物学研究，相同的剂量，在较短的疗程给予，对非小细胞肺癌有更高的杀灭效应。

（4）非小细胞肺癌属上皮源性肿瘤，在放疗的后程，约放疗4周会出现增殖加速等放射生物学特点。

（5）放疗与化疗联用，化疗药物可起到增强放射敏感性作用。

2. 小细胞肺癌放射生物学特点　放射生物研究表明，小细胞肺癌是放射敏感肿瘤，放射后细胞生存曲线肩区较小，因而用小于常规分割剂量（2Gy）的小分割剂量就能有效杀灭肿瘤细胞，使其数量到达生存曲线的指数部分。而正常后期放射反应组织（如肺）的细胞生存曲线的肩区一般较宽，所以用小分割剂量照射有利于肺的保护，又能有效杀灭肿瘤。目前认为照射小细胞肺癌较合适的分割剂量是1.15~1.60Gy/次。另一方面，小细胞肺癌在放疗中可能存在加速再增殖现象，因而缩短总疗程可能减少这种增殖。

二、治疗原则及方法

（一）治疗原则

肺癌必须采取多种方法的综合治疗才能取得比较好的疗效。但是由于大多数病人在临床确诊时已属中、晚期而无法接受手术，因此，大部分病人需要采用放射治疗或放射治疗、化学治疗、靶向治疗、免疫治疗的综合治疗。放射治疗是肺癌治疗的一个重要手段。根据放射治疗的目的，可分为根治性放射治疗、姑息性放射治疗、术前放射治疗、术后放射治疗等。

1. 非小细胞肺癌的治疗原则

（1）Ⅰ、Ⅱ及ⅢA 期：只要无手术禁忌证，首先选择手术或手术为主的综合治疗。对有手术禁忌证或拒绝手术者，应给予根治性放射治疗，并根据不同的病理类型和临床分期，酌情配合化学治疗。

（2）ⅢB 期：由于已经有纵隔的器官受累或伴有锁骨上区的转移等，已不适合手术，可根据病理类型合理的采用放射治疗、化学治疗或放、化综合治疗。

（3）Ⅳ期：病人一般情况尚可时，可适当进行全身的化学、靶向、免疫治疗，或采用以减轻症状、改善生存质量为目的的姑息性放射治疗。

（4）对术后病理证实断端阳性、肺门及/或纵隔淋巴结转移，或手术切除不彻底，肿瘤残留在胸腔内的病例，应结合影像学、病理及手术中局部留置的银夹等定位，行手术后补充放射治疗。

2. 小细胞肺癌的治疗原则　小细胞肺癌恶性程度高，进展迅速，早期即可出现远处转移，自然生存期短，对放、化疗敏感等特有的生物学特性如下：

（1）局限期小细胞肺癌应采用以化学治疗为主的综合治疗，辅以胸腔内肿瘤的局部手术或放射治疗。

（2）广泛期一般以化学治疗为主，对化学治疗后的局部残存病灶可行补充放射治疗。

（二）放射治疗方法

1. 不同分割方式的选择　非小细胞肺癌及小细胞肺癌常规分割为目前常用的分割方式，但不是最优方式，超分割有利于保护正常肺组织，加速超分割能够抑制放疗后期肿瘤加速再增殖。非小细胞肺癌立体定向放射治疗缩短了治疗时间，可防止放疗后期肿瘤加速再增殖。

2. 放射治疗与化疗联合　化疗药物有助于增强肿瘤细胞对放射治疗的敏感性，临床研究证实，同步放化疗对非小细胞肺癌明显优于序贯放化疗。

3. 放疗联合靶向治疗　理论上 EGFR-TKI 联合放疗可以协同抑制肿瘤细胞的生长，并且在临床前研究中观察到 EGFR 抑制剂具有放疗增敏的作用。但是目前很多临床研究表明，抗 EGFR-TKI 药物联合放疗未能给肺癌病人带来获益，甚至可能增加毒性。

第四节　乳　腺　癌

一、放射肿瘤学特点

（一）解剖及淋巴引流

乳房位于胸肌筋膜表面，上下界为第二到第六前肋之间，内起于胸骨旁线，外到腋中线附近。其内含乳腺及脂肪组织。乳房的淋巴管非常丰富，分浅、深二组。浅组位于皮内和皮下，深组位于乳腺小叶周围和输乳管壁内，按淋巴流向的不同可分为几个方向回流并注入不同部位的淋巴结（图 7-6）。

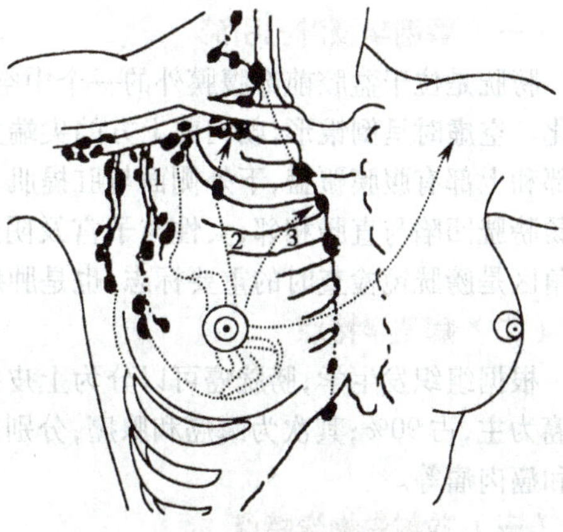

图 7-6　淋巴引流

（二）病理学特点

乳腺癌病理学分型越来越细化，主要有浸润性导管癌、浸润性小叶癌、小管癌、浸润性筛状癌、髓样癌、黏液癌、神经内分泌癌、浸润性乳头状癌、浸润性微乳头状癌、化生性癌、炎性乳癌及其他罕见癌。

（三）放射生物学特点

1. 体积倍增时间（*VDT*）及潜在倍增时间（T_{pot}）短，平均 *VDT* 为 96d，平均 T_{pot} 为 10.4d。

2. 乳腺癌 α/β 值较低，为 4.6Gy，属晚反应组织，对分割剂量变化比较敏感，增大分割剂量有利于增加肿瘤杀灭效应。

3. 正常乳腺组织 α/β 值约为 3Gy，亦属晚反应组织，减少受照射剂量可能会改善乳房美容效果。

4. 周围正常组织包括肺、心脏、臂丛神经都属于晚反应组织，在放疗期间（数周内）一般不会发生代偿性增殖，对总治疗时间的变化不敏感，缩短总治疗时间，可以增加肿瘤的杀灭效应，而不会加重晚反应组织的损伤。

二、治疗原则及方法

（一）治疗原则

手术、放疗、化疗、内分泌治疗和分子靶向治疗是目前乳腺癌的主要治疗方法。其中手术为主要治疗方式，根据病人的一般情况、肿瘤的分期和生物学特征合理选择使用其他治疗方式。从综合治疗的整体观出发，放疗在乳腺癌治疗中的主要目的包括以下方面：①早期乳腺癌保乳手术后的根治性放疗，是乳房保留治疗不可或缺的部分；②早期病人选择性的乳房切除术后胸壁和区域淋巴结的术后放疗，可有效降低局部复发率，并在一定程度上提高生存率；③局部晚期病人综合治疗的手段之一；④局部区域性复发病人重要的挽救性治疗措施；⑤转移性病人的姑息性放疗。

（二）治疗方法

1. 常规分割照射　为乳腺癌放射治疗最常用的剂量分割方法。即每周连续照射 5d，1 次/d，DT 1.8～2Gy/次。保乳术后全乳照射剂量 DT 45～50Gy/25 次，并根据情况行瘤床补量。

2. 保乳术后全乳大分割照射　2016 年 NCCN 指南建议全乳放疗可以常规分割，总剂量 46～50Gy/23～25 次/5 周，也可以大分割 40～42.5Gy/15～16 次/3 周（优选大分割）。高复发风险病人瘤床补量 10～16Gy/4～8 次。中国医学科学院肿瘤医院根据自己的临床研究结果，全乳大分割 43.5Gy/15 次/3 周，瘤床补量 8.7Gy/3 次。增加单次照射剂量，减少放疗次数的大分割放疗可以缩短放疗周期，使病人尽快完成放疗，减少病人往返医院次数或缩短住院时间，并节省医疗资源。目前认为乳腺癌有较低的 α/β 值，从放射生物学角度，乳腺癌大分割放疗在保证疗效的基础上，不会增加病人的晚期放疗并发症。

3. 保乳术后加速部分乳腺照射（PBI）　保乳术后病人的同侧乳腺肿瘤复发部位绝大多数（80%左右）位于手术切口周围，其他象限的肿瘤复发率为 15%左右，与对侧乳腺癌的发生率相近，可能不是复发而是第二原发癌。据此，国外开展了保乳术后部分乳腺照射的临床研究，放疗范围只包括乳腺瘤床区域。部分乳腺照射靶区缩小，可以采用加速大分割的照射方式，放疗多在 1 周内完成，而不会导致很严重的急性或晚期放疗反应。加速部分乳腺照射（PBI）除减少心、肺、胸壁和对侧乳腺受照射剂量外，还可以减少瘤床外同侧乳腺的照射剂量，可能会改善乳房美容效果，还使得保乳术后复发的病人有可能再次接受保乳手术和放疗。但目前 PBI 的随访时间短，数据少，尚无法就 PBI 的有效性、安全性和合适的剂量模式下结论。

0706

第五节　膀　胱　癌

一、放射肿瘤学特点

（一）解剖学及淋巴引流

膀胱是位于盆腔前部腹膜外的一个中空肌膜性囊性器官，其形状、大小和位置均随其充盈程度而变化。空虚时呈倒锥形，朝向前上方的尖端为膀胱顶，后下部为膀胱底，顶部和底部之间为膀胱体部。顶部和上部有腹膜覆盖，下外侧面与肛提肌、闭孔内肌和腹膜相连，前方与耻骨相连，后方上部男性借直肠膀胱凹陷与直肠相邻，女性与子宫及阴道前壁相邻。膀胱内壁由两输尿管口和尿道内口形成的三角区是膀胱镜检查时的重要标志，也是肿瘤、结石等的好发部位。膀胱的淋巴引流示意图见图 7-7。

（二）病理学特点

根据组织发生学，膀胱癌可以分为上皮癌和非上皮性肿瘤。上皮癌占膀胱肿瘤>95%，以尿路上皮癌为主，占 90%；其次为鳞癌和腺癌，分别占 3%～7%和 2%。其他少见的类型还有转移性癌、小细胞癌和癌肉瘤等。

（三）放射生物学特点

1. 膀胱浸润性移行上皮细胞癌对放化疗都相对比较敏感，化疗与放疗同时应用对肿瘤具有协同

笔记

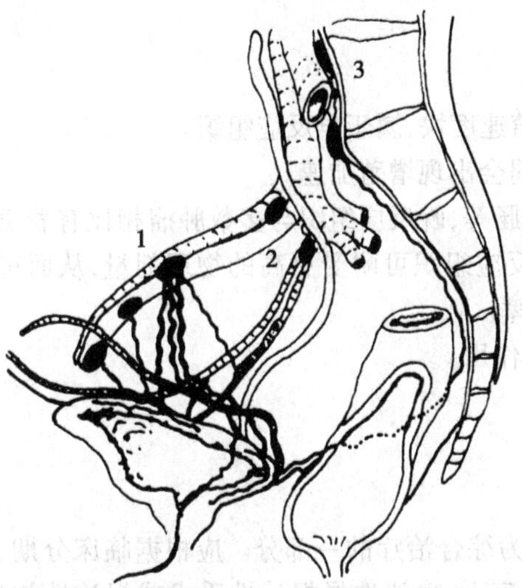

1. 髂外淋巴结的内侧组；2. 髂外淋巴结的外侧组；3. 髂总淋巴结。

图 7-7　膀胱淋巴引流

杀伤作用并且化疗能增加放疗的杀伤敏感性。

2. 膀胱癌细胞更新快，T_{pot} 值为 17.1d，同时半修复期短。

3. α/β 值高，属早反应组织。

4. 周围正常组织如直肠、阴道、子宫等，严重的反应为晚期反应，α/β 值低，属晚反应组织，降低每次分次剂量能减轻周围组织毒性，提高肿瘤照射总剂量，增加局控率。

二、治疗原则与方法

（一）治疗原则

放射治疗在膀胱肿瘤的治疗中具有重要的作用。

1. T1 期膀胱癌应首选手术，T2 病变、肿瘤大于 4cm 或病理分化程度高的病人，外照射加组织间插植和膀胱切除术的疗效相似，并且可以保留膀胱，男性病人还可保留性功能。

2. 对 T2、T3 病例，术前、术后放射治疗效果优于单纯手术，可使 5 年生存率提高 1%～20%。单纯放射治疗的 5 年生存率可达 50%～70%。

3. 对 T4 病变，放射治疗可以达到姑息减症，提高生存质量的作用。可配合化学药物和免疫疗法以提高疗效。

4. 术后复发的膀胱癌可行单纯放射治疗，5 年生存率约为 34%。

（二）治疗方法

1. 术前常规分割同期放化疗　术前放疗，膀胱照射 DT 50Gy/25 次/5 周，同期给予顺铂化疗，有研究表明相比于术前单纯常规放疗或单纯手术，改善了临床分期，降低了盆腔复发率，提高了 5 年生存率。同时没有增加手术并发症及死亡率，也没有增加远处转移率。

2. 超分割　国内外均有研究表明，使用超分割放射治疗能够提高肿瘤剂量，而不增加正常组织毒副反应，且与化疗或热疗配合的根治性放疗能进一步提高疗效。

第六节　宫　颈　癌

一、放射肿瘤学特点

（一）解剖学特点

子宫位于骨盆腔中央，呈倒置的梨形，前面扁平，后面稍凸出，其大小和形态依年龄或生育情况而变化。子宫上部较宽，称子宫体，其上端隆突部分，称子宫底。子宫底两侧为子宫角，与输卵管相通。子宫的下部较窄，呈圆柱状，称子宫颈。成人子宫体与子宫颈的比例为 2∶1。子宫体与子宫颈之间形成的最狭窄部分，称子宫峡部，子宫峡部的上端因解剖上较狭窄，称为解剖学内口。子宫颈内腔呈梭形，呈子宫颈管，其下端称为子宫颈外口，开口于阴道。宫颈下端伸入阴道内的部分称宫颈阴道部，在阴道以上的部分称宫颈阴道上部。子宫颈外口柱状上皮与鳞状上皮交界处，是子宫颈癌的好发部位。

（二）病理学特点

宫颈癌的组织学分类，主要以肿瘤的组织来源、细胞分化程度及细胞形态等进行分类。宫颈癌可分为鳞状细胞癌（包括疣状鳞癌、乳头状鳞癌、淋巴上皮样癌、梭形细胞癌、囊性基底细胞癌）、腺癌（包括乳头状腺癌、内膜样腺癌、透明细胞癌、黏液腺癌、浆液性乳头状腺癌）及混合癌（腺鳞癌）等。鳞状细胞癌占绝大多数，占 90%以上；腺癌约占宫颈癌的 5%左右；混合癌及其他罕见癌（包括小细胞未分化癌等）占 5%以下。有少数宫颈癌由于细胞分化太差，无法辨认其细胞来源，不能归入上述几类者一般称为未分化癌。

（三）放射生物学特点

1. 宫颈癌对放射性中度敏感。

2. α/β 值高，相对于子宫及其周围正常组织而言，增殖速度快，属于早反应组织。

3. 宫颈癌属上皮源性肿瘤，在放疗的后程，约放疗4周会出现增殖加速。

4. 子宫周边组织大多为晚反应组织，如膀胱、阴道、直肠等，晚反应组织与多数肿瘤相比有着更强的亚致死性损伤修复能力，随着单次分割剂量的降低，晚反应组织可耐受更高的物理剂量，从而可以提高肿瘤组织的放疗剂量，有可能转化为较高的肿瘤控制率。

5. 放疗与化疗联用，化疗药物可起到增强放射敏感性作用。

二、治疗原则与方法

（一）治疗原则

手术治疗和放疗是宫颈癌的主要治疗方法，化疗等作为综合治疗的一部分。应根据临床分期、影像学资料、年龄和全身情况制订治疗方案。对早期宫颈癌病人，建议选择根治性手术或根治性放疗，两者疗效相近。术后有高危因素的病人需要术后放疗或放化疗。ⅠB2、ⅡA2以及ⅡB~Ⅳ期病人以放疗和同步化疗为主。尤其是ⅡB~ⅣA期宫颈癌，应以放疗和同步化疗作为首选治疗。同步放化疗已成为中晚期宫颈癌治疗的标准模式，顺铂是宫颈癌同步放化疗的主要药物。化疗主要用于放疗的同步增敏治疗，可作为手术或放疗的辅助治疗，也可以作为复发和全身转移病人的主要治疗方法。常用抗癌药物有顺铂、卡铂、紫杉醇等。

（二）治疗方法

1. 常规分割外照射加后装腔内放射　在时间剂量分割方面，体外照射应用较多的是常规分割，为晚期宫颈癌最常用且有效的放疗方法。一般子宫旁淋巴引流区（“B”点）剂量为4 000~5 000cGy，每周照射5d，每天照射1次，每次剂量1.8~2.0Gy。

2. 全程超分割外照射加后装腔内放射治疗　随着放射生物学进展，人们发现小剂量射线对正常组织造成的损伤多为亚致死性损伤。如果减小单次放疗剂量，增加每日放疗次数，从而加大每日放疗总量；既可使正常组织损伤得到修复，同时又可增强对肿瘤细胞的杀灭。超分割放疗最重要的生物学基础是亚致死性损伤修复，这可增大肿瘤和正常组织放射效应的差距，故超分割放疗可增加一定的放疗剂量，却不增加周围正常组织的副反应。

3. 后程超分割加后装腔内照射　放射开始后4周左右，每天约需增加常规量的10%~20%的剂量才能达到消除加速增殖的影响，此时较大剂量有利于抑制这种情况。其方法是放疗后期增加分割及剂量，后程超分割治疗。在放疗后程加大力度不但能克服肿瘤细胞的加速再增殖，也能阻止肿瘤细胞急性损伤的修复。

4. 腔内照射分割方式　与体外放疗方式不同，腔内放疗单次剂量较高，目前对于腔内放疗的剂量分割方式尚无明确标准。NCCN总结既往经验，建议高剂量率近距离治疗推荐30Gy/5次/1~2周，即相当于低剂量率近距离治疗时子宫颈（“A”点）剂量40Gy。

0708

第七节　前列腺癌

一、放射肿瘤学特点

（一）解剖及淋巴引流

前列腺形态类似倒置的锥体，位于膀胱和盆底之间，尿道穿越其中。前列腺底部邻接膀胱颈，尖部向下，底部和尖部之间为前列腺体部，体部的后面平坦，中央有一纵行浅沟，为前列腺中央沟。成年前列腺重约20g，大小约3.5cm×2.5cm×2.5cm，精囊位于前列腺后上方。射精管在前列腺后方邻近膀胱处穿入前列腺，并斜行通过腺体约2cm，开口于精阜中央和前列腺小囊的两侧。前列腺前壁紧贴耻骨，后壁依托于直肠壶腹部，侧壁和下壁与肛提肌相邻。前列腺的淋巴引流主要有三个途径（图7-8）。

笔记

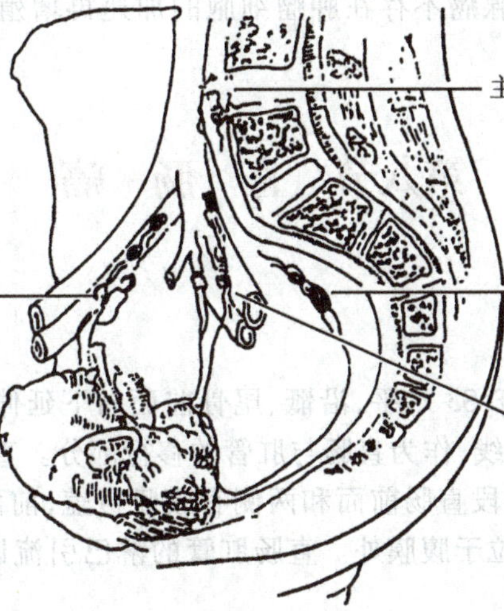

图 7-8　前列腺淋巴引流

（二）病理学特点

正常前列腺含有腺泡状腺体和导管，前列腺恶性肿瘤的病理类型分成上皮和基质细胞来源两大类，上皮肿瘤除前列腺腺癌外，还包括鳞癌和移行上皮癌等，非上皮来源恶性肿瘤包括横纹肌肉瘤、脂肪肉瘤、血管肉瘤和恶性淋巴瘤等。本文的前列腺癌指来源于前列腺腺泡上皮的腺癌，占 95%。

（三）放射生物学特点

目前研究认为前列腺癌 α/β 值较低，国际上普遍认为前列腺癌的 α/β 值为 1.5～3Gy，接近晚反应组织，甚至更低，对分割剂量变化敏感，增大分割剂量有利于增加肿瘤杀灭效应。前列腺癌对总治疗时间不敏感，因此一些年老体弱的病人，不能坚持放疗的，可以适当用分段治疗的方法。

周围器官如直肠，发生慢性炎症及溃疡的 α/β 值明显高于前列腺癌组织，约为 5Gy，而膀胱发生膀胱炎的 α/β 值约为 10Gy，属于早反应组织，对分割剂量变化不敏感，缩短治疗时间，有利于减轻毒副反应。即行大分割照射时将提高肿瘤的局控率，降低周围正常组织不良反应的发生率。

二、治疗原则及方法

（一）放射治疗原则

由于前列腺癌病人大多为老年人，常常伴有其他器官的合并疾患。放射治疗是前列腺癌主要的治疗手段。

1. 对无远处转移，病变比较局限，无明显周围组织侵犯，病人拒绝手术或有手术禁忌证者可行根治性放射治疗。

2. 对手术探查而未行切除者或手术后局部复发的病例，周围组织已有广泛浸润或有远处转移，但局限于 1～2 个部位或病灶，可行姑息性放射治疗。对已行姑息性放射治疗的病例，可根据病人的全身情况和治疗效果，也可将姑息性放射治疗转化为根治性放射治疗。

3. 对晚期病例，局部或远处转移的病灶，可行姑息性放射治疗，可达到减轻痛苦、缓解病情、延长生存的作用。

（二）治疗方法

1. 常规分割照射　照射剂量三维适形放疗或调强适形放疗根治性治疗前列腺癌，可以提高肿瘤照射剂量至 60～80Gy，采用常规分割照射，即每日照射剂量 1.8～2.0Gy，每周 5 次。根据临床风险程度和预后决定的照射剂量，如果做全盆腔预防照射，照射剂量为 45～50Gy/5 周，然后缩野照射前列腺精囊腺，补量 26～30Gy。术后辅助放疗或术后生化失败后的挽救性放疗剂量在三维适形或调强放疗技术下能保证正常组织安全则建议增加照射剂量至 66～70Gy，若存在临床局部复发，放疗剂量需提高到 76Gy 或更高。

2. 大分割照射　每次分割剂量大于 2Gy 的方式称为大分割照射。大分割放疗可将 5～7 周的放疗时间缩短到几天至 2 周，前列腺癌不存在肿瘤细胞的加速再增殖，有利于肿瘤生物等效剂量的提高。

第八节　直肠癌

一、放射肿瘤学特点

（一）解剖及淋巴引流

直肠与乙状结肠相连，上界于 S3 水平，沿骶、尾骨前面向下延伸，由两侧肛提肌组成肛管止于肛门，肛管长约 3cm，其上为齿状线，作为直肠与肛管的移行部分。直肠长 12~15cm，以腹膜返折为界分为上段直肠和下段直肠。上段直肠前面和两侧有腹膜覆盖，前面的腹膜返折成直肠膀胱陷凹或直肠子宫陷凹，下段直肠全部位于腹膜外。直肠肛管的淋巴引流以齿状线为界分上、下两组（图 7-9）。

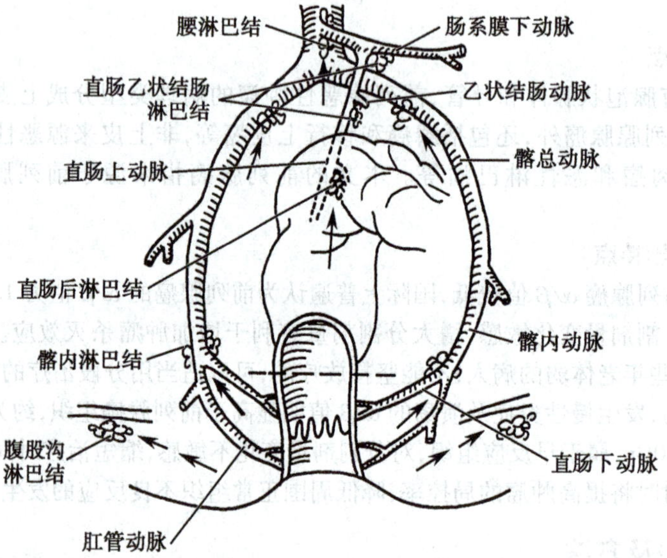

图 7-9　直肠肛管淋巴引流

（二）病理学分型

直肠癌最常见的病理类型为腺癌，包括普通型腺癌和黏液腺癌、印戒细胞癌、锯齿状腺癌、微乳头状癌、髓样癌、筛状粉刺型腺癌等特殊腺癌。其他类型有腺鳞癌、鳞癌、梭形细胞癌/肉瘤样癌、未分化癌等。

（三）放射生物学特点

1. 直肠癌 *VDT* 值为 90d，T_{pot} 值为 10.4d，表明直肠癌细胞分裂、增殖活跃，治疗期间肿瘤克隆源性细胞再增殖率可能也与 T_{pot} 值相似，因此根据放射生物学研究，加速治疗可以通过限制肿瘤细胞的再增殖来增加肿瘤的治愈率。

2. 直肠癌对射线早期反应强烈，属早反应组织，对总治疗时间变化敏感，相同的剂量，在较短的疗程给予，对肿瘤有更高的杀灭效应。

3. 直肠癌对放射线中度敏感，提高照射剂量有利于肿瘤的控制等。

4. 放疗与化疗联用，化疗药物可起到增强放射敏感性的作用。

二、治疗原则及方法

（一）治疗原则

原则是以手术切除为主的综合治疗。直肠癌治疗失败的主要原因是根治术后局部复发，其次是远处转移。局部晚期直肠癌术前放射治疗或放化疗可使肿瘤降期（down stage），降低肿瘤局部复发率、提高手术切除率和长期生存率。低位直肠癌术前放射治疗，在确保与根治术相同治愈率的前提下，不但能保留括约肌功能，而且也提高了生存质量。

（二）治疗方法

1. 术前同期新辅助放化疗　是最常用的治疗方案、放疗剂量分割方法。具体方案为：DT 45～50Gy/25 次/5 周，加同步化疗。有研究表明其优势在于有更大可能缩小瘤体及增加病理完全缓解（pCR），以改善可切除性，在低位直肠癌保护肛门括约肌。

2. 术前短疗程放射治疗　与术前长程同步放化疗的随机对照研究显示，术前短疗程放射治疗（5Gy/5 次/1 周）一直是欧洲各国可手术切除直肠癌术前放疗的标准治疗模式，特别是针对分期早、病人年龄较大、期望寿命较短而较少机会出现远期治疗并发症时考虑。同时具有放疗费用低，时间短，对有经济、交通等问题的病人有一定的方便性。但是在北美各国，术前常规分割的长程同步放化疗越来越被接受。两种方法都被各自国家所视为常规治疗，孰优孰劣存在争议。短程盆腔放疗优势在于术前的治疗时间短，而劣势是因为 5 次放射治疗完成后仅间隔 2～3d 就要完成手术，此时原发瘤体积还没有缩小，不可能出现降期。短程术前放疗仅推荐于不需要降期的直肠癌病人。2004 年一项波兰的研究旨在比较术前短程放疗与标准的长程同步放化疗的疗效，研究表明，术前长程同步放化疗与术前短程放疗相比，显著降低病理分期、病理完全缓解率从 1%提高到 15%（$P<0.001$），未改善总生存率和无病生存率。

本章小结

各种肿瘤因为解剖复杂，难于手术或血运、淋巴引流丰富，较易出现转移，从而导致不能手术或单纯手术不能根治。不同部位的肿瘤，不同病理类型的肿瘤对放射治疗的敏感性不同，决定了放射治疗在该种肿瘤治疗中的地位不同，在综合治疗的参与时机不同。

不同的肿瘤有不同的放射生物学特性，这包括肿瘤细胞自身的放射生物学特点及其周围正常组织对放射线也有着不同的反应性。利用肿瘤和周围正常组织的放射生物学特点和差异性，临床中根据肿瘤放射生物学特点可以选择不同分割方式，以达到最大程度地杀灭肿瘤细胞，提高局部控制率，并尽可能减少正常组织的毒副反应。

病例讨论

病人，男，40 岁，因回涕带血 1 个月就诊，无面麻、声嘶、头痛、耳鸣等其他不适，查体：神志清楚，浅表淋巴结未扪及肿大，脑神经（-），心、肺、腹未见异常，双下肢无水肿。间接鼻咽镜示：鼻咽左侧局部隆起。电子鼻咽镜示：左侧咽隐窝见隆起病变。活检病理示：非角化性癌，未分化型。鼻咽加全颈 MRI 示：左侧咽隐窝和左侧鼻咽后壁轻度增厚伴强化，MT 可能，颈部未见肿大淋巴结。脑、胸腹部 CT 未见异常。血常规、肝肾功能未见异常。

问题：

1. 鼻咽癌的放射治疗原则是什么？
2. 该病人放射治疗可采用何种分割方式，试从放射生物学角度分析各种分割方式的优、缺点。

0710

病例讨论

（龙剑　姚原）

0711

扫一扫，测一测

笔记

思考题

1. 简述鼻咽癌的解剖学特点及治疗原则。
2. 简述直肠癌术前常规放射治疗及术前短疗程放疗的优、缺点。
3. 简述小细胞肺癌和非小细胞肺癌各自的放射生物学特点。

笔记

第八章 放射生物学在各种放疗技术中的应用

学习目标

1. 掌握：针对乏氧细胞的放疗技术；立体定向放射治疗的放射生物学原理及应用；近距离放射治疗的放射生物学原理及应用。
2. 熟悉：加速放射治疗的放射生物学原理及应用；分段放射治疗的放射生物学原理及应用。
3. 了解：再程放射治疗的放射生物学原理及应用。

第一节 针对乏氧细胞的放疗技术

一、肿瘤乏氧细胞在放疗中的意义

（一）肿瘤细胞的乏氧现象

在正常组织和肿瘤组织中均含有处于各种状态的细胞，其中包括氧分压高的富氧细胞和氧分压低的乏氧细胞。正常组织中乏氧细胞比例小，通常<1%，而人类肿瘤组织中乏氧细胞的比例大约为30%~40%，其比例高低与肿瘤的细胞学类型及增生速率有关。肿瘤供氧主要来源于肿瘤新生成的毛细血管，血管中的血流将氧弥散给瘤细胞，但通常无法满足肿瘤生长的需要，因此瘤细胞越靠近毛细血管则含氧量越丰富，而远离毛细血管者则因供氧不足成为乏氧细胞。首先指出实体瘤内有乏氧细胞存在是在1955年，由Thomlinson和Gray根据对人支气管癌组织切片的观察提出的（见第五章第一节）。他们总结了以下特点：①氧的有效扩散厚度为100~180μm，当肿瘤细胞层的厚度超过时，细胞将发生变性坏死而不能存活；②那些处于缺氧地带、即将坏死但仍有一定活力的细胞，称为乏氧细胞。

（二）肿瘤乏氧对放射治疗的意义

在第五章中我们学习过氧效应的概念，即受照组织的辐射效应随氧浓度的增加而增加，反之，当受照组织细胞乏氧时，其放射抵抗性增加。在实体肿瘤中存在的慢性乏氧细胞既能获得满足增殖所需的氧分压，又因氧分压足够低而对射线不敏感，成为肿瘤可再生的根源。目前认为，肿瘤内乏氧细胞的放射抵抗性是限制临床上肿瘤放疗疗效的重要因素。一般来讲，大多数正常组织可看做是氧合好的组织，而直径<1mm的肿瘤亦是充分氧合的，超过这个大小就会出现乏氧。瘤体越大，实体瘤中乏氧细胞的比例越高，放射抵抗性越大，这也正是体积较大的肿瘤放疗后消退不明显的原因，乏氧细胞的存在显著影响了放射治愈性。

因此，除了肿瘤本身因素（如：组织来源、基因突变和病理因素等）造成对放射线不敏感外，肿瘤的乏氧细胞是目前导致临床肿瘤治疗失败的主要因素。但是肿瘤细胞乏氧的原因是多种多样的，有个体的因素（如营养不良、贫血和其他的系统疾病等），也有共性的因素（肿瘤过大导致肿瘤产生过多的乏氧细胞）。在第六章主要讨论了用药物（放疗增敏）来治疗肿瘤的乏氧细胞，在本章主要讨论用放疗

笔记

技术和其他的一些方法来治疗肿瘤的乏氧细胞。

二、针对肿瘤乏氧细胞的治疗方法及技术

（一）乏氧细胞的放射增敏

若能解决肿瘤乏氧所导致的放射抵抗性问题，即可提高肿瘤的放射敏感性，从而提高肿瘤清除率。通过增加肿瘤细胞内的氧饱和度就是其中的重要方法之一。通过研究放射生物学的基本理论（"4R"概念）发现，利用肿瘤细胞动力学的特性，应用现有的放射治疗技术也能够解决一部分肿瘤细胞乏氧的问题。

1. 乏氧细胞的再氧合　如果采用足够剂量的放射线单次照射肿瘤，肿瘤内大多数对辐射敏感的富氧细胞将被杀死，而存活的细胞多数为乏氧细胞，即照射后即刻的乏氧细胞比例接近100%，在下一次照射前若有足够的时间使乏氧细胞再氧合，乏氧细胞的比例将逐渐下降并接近初始值。尽管乏氧细胞对X射线具有辐射抗性，但上述过程重复多次后，肿瘤细胞群也会不断缩小。这种现象就是一种放射自我增敏的作用。不同类型的肿瘤及同一肿瘤的不同区域再氧合所需的时间差异很大，从几小时至几天均有可能，而再氧合后乏氧细胞的比例可以高于或低于照射前值。

因此，如果人类肿瘤细胞的再氧合也和大多数所研究的动物肿瘤一样迅速而有效，那么经过长时间多次分割放疗，可能会极其有效地杀死人类肿瘤中所有的乏氧细胞。Fowler等人的研究显示，在小鼠乳腺癌细胞的再氧合实验中，一次照射后2~3d，乏氧细胞的比例明显低于未经照射的肿瘤细胞，可见在48h间隔给予分次照射，将最终清除肿瘤内的乏氧细胞。他们提出，在9d内给予5次足够剂量放射线照射，是清除上述肿瘤的最佳治疗方案。

2. 针对肿瘤乏氧细胞的放射治疗技术　综上所述，乏氧细胞再氧合原理是临床肿瘤放疗采用分次治疗方案的重要放射生物学基础。目前，临床上的放射治疗方案绝大多数都是以分次放射治疗为基础的。在临床实践中，许多恶性肿瘤接受了常规放射治疗方案（60Gy/2Gy/30次）的照射后被清除，也有力地支持了再氧合现象的存在。但也有一部分肿瘤用常规治疗方案治疗后失败，提示了还有其他因素在起作用。因此，具体的放射治疗方案的制订，还需要考虑其他的放射生物学因素。但是，分次放射治疗在治疗肿瘤乏氧细胞中的地位是不可动摇的。

（二）利用氧效应治疗肿瘤乏氧细胞的技术

大多数正常组织可看做是氧合好的组织，其氧分压与静脉血和淋巴组织相似，一般在20~40mmHg，而许多实体瘤细胞是乏氧的，因而具有放射抗性。因此，利用氧效应增加肿瘤组织的氧饱和度，来提高放射治疗的疗效也是一种方法。但是，单纯通过提高体内的氧浓度来对抗肿瘤乏氧细胞，在临床实践的疗效上来看还不尽如人意。随着对肿瘤乏氧细胞的深入研究，还有许多因素要考虑，还有许多问题要解决，许多问题和解决方案将在其他章节讨论。

必须强调的是，氧效应仅发生在照射期间或照射后几微秒内，因此必须在照射时供氧才能使氧效应发挥作用。因此，在临床上曾经用过两种方法治疗肿瘤乏氧细胞。

1. 高压氧的应用　应用高压氧舱或输氧提高肿瘤细胞的氧合量，从而增加肿瘤组织放射敏感性，这一观点在20世纪50—60年代非常流行，一项英国开展的最大的多中心临床试验表明，对于宫颈癌和晚期头颈部肿瘤病人，辅助高压氧治疗在肿瘤局部控制和生存率方面均有显著获益，而在膀胱癌病人中则不然。但关于高压氧的研究引发了极大的争论，一方面，如前所述，氧效应仅发生在照射期间或照射后几微秒内，因此必须在照射时供氧才能使氧效应发挥作用，病人治疗时一般被置于充满纯氧的密封舱内，容易让人产生幽闭恐惧的感觉，而且高纯度氧极易燃，火灾风险显著增加。另一方面，尽管辅助高压氧治疗使得局部控制率提高了6.6%，但与此同时，迟发性正常组织损伤也增高了，因此该治疗方法一度被废弃。

2. 吸入高浓度氧　有学者提出在病人放疗的同时于常压下吸入碳合氧（$5\% CO_2+95\% O_2$），由于吸入混有少量CO_2的气体后引起呼吸频率加快，促使末梢血管扩张，氧扩散增加，组织氧合改善从而解决慢性乏氧的问题，同时用烟酰胺（NAM或Hi）扩张肿瘤内暂时闭塞的血管，从而克服肿瘤内的急性乏氧问题。此方法除对皮肤的放射反应可能略有增加外，对其他很多正常组织基本没有增敏现象。将两者结合可改善受照射肿瘤细胞的慢性和急性乏氧状态，已在一些肿瘤放疗过程中尝试使用，显示

笔记

了较好的近期疗效。

第二节　立体定向放疗

瑞典 Lars Leksell 教授在 20 世纪 50 年代首次提出立体定向放射外科（stereotactic radio-surgery，SRS）的概念。SRS 以立体定向框架、准直器及放射源为基础，在 CT、MRI 和 DSA 等影像辅助下，能准确、有效地治疗颅内及体内疾病。SRS 具有剂量分布集中、小野集束照射、周边剂量梯度陡峭、正常组织剂量很小等剂量学特点，在靶区得到高剂量治疗的同时，能有效保护靶外正常组织和重要器官，是 20 世纪医学史上的重大进步。在这基础上又发展了体部立体定向放射治疗（SBRT）。

一、放射生物学上的原理

（一）剂量-时间-效应

根据组织生物学特性和对放射线反应时间的不同，可将其分为早反应组织与晚反应组织。早反应组织细胞更新速度快，如肺泡上皮、正常黏膜、恶性肿瘤，其 α/β 值较大，对总治疗时间敏感，缩短总治疗时间，损伤加重。晚反应组织更新较慢，如神经组织、脑、肝脏，其 α/β 值较小，对分次剂量更为敏感，加大分次剂量会导致更严重的晚反应组织损伤，又因为晚反应组织在放疗期间几乎不发生增殖，所以改变总治疗时间对其影响很小。

Withers 总结了 20 年头颈部肿瘤的有关资料，对放疗的总剂量和疗程之间的关系进行散点图分析，结果显示当肿瘤控制概率一定时，曲线的斜率范围为 0~2Gy/d，平均为 0.6Gy/d，代表治疗时间每延长 1d，为了抵消加速再增殖所需的追加剂量；当总剂量一定时，疗程每延长 1d，肿瘤控制率下降约 0~4%。若治疗时间从常规放疗的 1.5~2 个月缩短到数天或 1~2 周，在避免严重的急性放射性不良反应的前提下，提高对肿瘤细胞再增殖的杀伤，将会增加治疗增益比。

（二）剂量分割模式

多数肿瘤可通过采用高分次剂量（hypofraction）治疗模式以提高疗效。SBRT 靶区内剂量高，不利于肿瘤细胞的修复；分次照射有利于周期内细胞敏感时相的再分布和乏氧细胞的再氧合；靶区周边正常组织剂量低，有利于保护正常组织。高分次剂量治疗模式缩短了治疗时间的同时，可提高肿瘤剂量，提高肿瘤控制率。

SBRT 单次照射剂量远大于常规分割剂量，且有多种分割模式，不同分割模式间的疗效对比较为困难。通常采用 LQ 模型等效换算进行生物等效剂量（biological effective dose，*BED*）的换算。$BED=nd\times[1+d/(\alpha/\beta)]$，$n$=分次数，$d$=分割剂量，肿瘤 α/β 值常取 10。LQ 模型是否能准确评价 SRT 的生物效应仍存在争议，有研究者认为 LQ 模型不完全适合于大剂量照射的 *BED* 等效换算，且没有考虑到间隔时间和总时间的影响。目前，有学者提出了其他的修正模型来预测大剂量照射下组织的放射生物效应，如 gLQ 模型、LQL 模型、USC 模型等，尚需要进一步验证。

综上所述，立体定向放射治疗是以一次或几次的分割次数和高放射剂量为临床特点，因此，在放射生物学特性上恰恰与临床上应用的常规放射治疗方案相反，立体定向放射治疗的放射生物学优点是：不需要考虑肿瘤的再修复、再增殖和放射敏感性的问题。其缺点是：减少了肿瘤细胞的再氧合，相对增加了放射抵抗性（需要更大的 *BED* 剂量来治疗肿瘤）；同样，正常组织的再修复、再增殖功能也没有了（需要更精准射线靶向性来保护正常组织）。目前有临床研究提示，少量增加 SBRT 的次数，在不降低疗效的前提下，可以降低总的 *BED* 剂量。

二、临床应用的方法

（一）立体定向放射外科

立体定向放射外科（SRS）采用立体定向原理，对颅内的病变组织选择性地确定靶点，一次性大剂量精确照射靶点，可有效杀伤病灶，达到预期目的。SRS 对病变组织进行单次大剂量放疗的同时，在病变组织和周围正常组织的交界处，形成锐利如“刀”切一样的高剂量分布梯度陡降，肿瘤周围受到的照射剂量非常小，能很好保护周围正常组织和重要器官。因此，基于电子直线加速器的 SRS，称为 X 刀，

笔记

基于^{60}Co放射源的SRS,称为γ刀。简而言之,头部γ(X)刀是采用立体定向技术,用有创刚性框架固定体位,主要治疗颅内疾病,多为一次大剂量照射或少分次照射。

γ(X)刀通常治疗疗程较短、分次量较高,治疗的精度尤为重要,精确治疗的理念必须贯穿全程,其特点是:①精确定位,有效的可重复性体位固定,CT或CT-MRI图像融合定位。②精确计划,γ(X)刀的治疗计划设计以GTV(肿瘤区)为主,结合肿瘤病理类型、位置、大小、周围重要危及器官(organs at risk,OAR)以及病人全身状况等因素而定,需要覆盖靶区的剂量线为处方剂量;设计γ刀计划时,当靶区规则、小,可设计单靶点;肿瘤不规则或相对较大时,则需布置多靶点,避免剂量分布不均、适形度差、边缘剂量下降缓慢、高剂量区范围大等情况;X刀治疗时,多采用非共面立体照射方案;γ刀多以50%剂量线为处方剂量线;X刀多以80%剂量线为处方剂量线,要求50%~80%的等剂量线覆盖靶区,以评价计划优劣和可行性。③精确施治:准确施治是确保精准放疗的最后关键环节,物理师和医生必须全程参与,治疗期间要密切观察病人治疗反应以及放疗计划的重复精度。

知识拓展

γ刀与X刀的比较

1. γ刀 采用^{60}Co放射源,实现靶区内高剂量而靶区边缘剂量锐减的治疗技术,治疗效果可等同于外科手术,是SRS主要治疗手段之一。γ刀是单次大剂量治疗。其主要优点:在小的病灶治疗上,剂量分布好,主要应用于颅内较小良恶性病变。其缺点为剂量率相对较小,而且会随放射源使用年限增加而下降;治疗时间较长,不适合体部肿瘤和大肿瘤的治疗。目前只有少数大型治疗中心才配备γ刀。

2. X刀 放射外科专用的医用直线加速器平台,通过专用准直器和立体定向系统,实现与γ刀同样的治疗效果,是SBRT的主要治疗手段之一。X刀是分次大剂量治疗为主。其优点:可以治疗全身的体积较大及不规则病变,不仅适用于颅内寡转移病灶,而且近年来广泛应用于肺、肝、脊柱等体部肿瘤。其缺点为对微小肿瘤治疗的剂量分布较差。X刀是目前临床常用的立体定向技术。

(二)体部立体定向放疗

体部立体定向放疗(SBRT)是指通过立体定向引导的对颅外靶区的少分次、大分割剂量的高精度放疗,而周围正常组织受量很小的一类放疗技术的总称,也称为立体定向消融放疗(stereotactic ablative radio-therapy,SABR)。相对于传统放疗方案,SBRT可以给予靶区更高照射剂量,更有利于提高肿瘤的局控率。目前临床上SBRT技术常用来治疗肺、肝脏、胰腺、脊髓等体部的原发恶性肿瘤或者转移性病灶。

以研究得较多的肺癌为例,从器官结构来看,肺属于并联组织,有较强的功能储备能力,机体可以耐受一定程度的肺泡亚单位损失。SBRT替代手术作为可手术的早期非小细胞肺癌(non-small cell lung cancer,NSCLC)病人的治疗方式已成为研究热点。ROSEL和STARS这两项前瞻性研究的数据汇总显示,手术组与SBRT组病人3年生存率分别为79%和95%,3年无复发生存率分别为80%和86%。研究结果首次证实,对于可手术的早期NSCLC病人,SBRT疗效优于手术治疗。但该项研究结论尚有争议,需要大规模临床研究进行验证。

对于肺孤立寡转移灶(1~5个肺转移灶),SBRT联合全身治疗近年来成为研究的新方向。SBRT表现出明显的量效关系,可以有效提高肿瘤局部控制率,并能延长病人总生存时间。

尽管各个研究剂量分割模式不一,但*BED*>100Gy比*BED*<100Gy的SBRT方案可以获得更好的局控率及生存期。在正常器官放射不良反应方面,SBRT比常规放疗放射性肺炎发生率更低。尽管如此,呼吸功能不佳病人接受SBRT仍有0.5%~1.2%发生致死性放射性肺炎的可能性,需要重视。

近年来,立体定向放疗被广泛应用于多种类型恶性肿瘤的治疗,治疗疗效较好,毒性也相对较低,但其放射生物学机制仍未得到彻底阐明。经典LQ模型是以DNA为靶分子并考虑了分割剂量治疗期间的细胞氧合效应,是从低分割剂量推导出来的剂量效应预测模型。SBRT的单次剂量可达8~30Gy,单次高剂量前提下是否依然适合LQ模型是值得关注的问题。此外,SBRT结合传统的化疗、靶向药物、免疫治疗的疗效也是未来可以关注的方向。

笔记

第三节　加速放射治疗

一、放射生物学上的原理

1.“4R”理论　根据生物学基础理论的“4R”概念，放疗过程中需要考虑正常组织的亚致死性损伤修复、肿瘤放射敏感细胞周期内细胞的再分布、肿瘤细胞的再群体化和肿瘤乏氧细胞的再氧合。这四个正常细胞和肿瘤细胞的变化过程是有一定时间顺序的。简单说来，常规分次照射的理论依据是：把总剂量分成多次时，由于治疗总时间足够长，正常组织在分次照射之间的亚致死性损伤得以修复并再增殖，从而有效保护正常组织；同时，由于分次照射之间肿瘤细胞完成再氧合和细胞周期再分布，对射线的敏感性增加，从而提高对肿瘤的杀伤。延长治疗时间可以减轻早期反应并确保肿瘤充分再氧合，但不能减轻晚期反应。但是常规分割放射治疗到第四周时，会出现肿瘤干细胞增殖，并导致肿瘤细胞的再群体化过程加速。因此，过度延长治疗时间会导致残存肿瘤细胞出现抵抗性增殖。

2. 时间-剂量-效应　早、晚反应组织随着分割照射方式和疗程时间的改变有着不同的反应：早反应组织的放射性损伤可出现于单次照射后数天之内或分割照射的疗程之中，其细胞群体在照射期间或照射后很短的时间内即会发生克隆源性细胞的补偿性再增殖，从而部分地抵消了照射剂量对细胞的杀伤效应，因此延长治疗总时间则会降低肿瘤的放射治疗比。晚反应组织的放射性损伤可出现于放疗结束数月甚至更长的时间之后，其细胞群体发生的增殖非常缓慢，以致在数月或更长的时间内不能发生补偿性增殖，故治疗时间的长短并不影响晚期反应的程度。不同的肿瘤细胞有不同的 α/β 值，有的肿瘤细胞 α/β 值属于早反应组织，有的肿瘤细胞 α/β 值接近晚反应组织。同样正常组织也是如此。因此，当需要治疗的肿瘤细胞 α/β 值属于早反应组织时，临床放疗就需要增加照射次数、减少分割剂量和缩短治疗时间。同样，当需要治疗的肿瘤细胞 α/β 值属于晚反应组织，临床放疗就需要增大分割剂量、减少照射次数和增加总治疗剂量，而对治疗时间没有要求。

根据以上的放射生物学特性，针对不同肿瘤的 α/β 值，设计不同临床放疗方案。

二、临床应用的方法

（一）超分割放疗

超分割放疗（hyperfractionated irradiation，HFI）定义为：在与常规分割相同的治疗时间、相同的总剂量情况下，每天照射 2 次，单次分割剂量减少（常为 1.1～1.2Gy），间隔时间>6h，每周照射 5d，主要用于增殖相对较快的肿瘤（α/β 值大）。但在临床工作中，常常因为降低了单次剂量而增加了总剂量、延长了总治疗时间以及每天照射次数>2 次，目的在于保持早反应相同或轻度增加的情况下，减轻正常组织的晚反应。

欧洲癌症治疗研究组织（European Organisation for Research on Treatment of Cancer，EORTC）实施的头颈部肿瘤超分割临床试验 EORTC 22791 方案是：超分割 80.5Gy/70 次/7 周（1.15Gy×2/d）与常规分割放疗组 70Gy/35 次/7 周进行疗效比较，结果如下：

1. 肿瘤控制和 5 年生存率升高（从 40%提高到 59%，说明提高了疗效）。
2. 没有明显增加副作用。
3. 此方案对口咽癌的优点是明显的。

此外，RTOG 进行了超分割放疗 NSCLC 的探索，方案为 1.2Gy/次，每日 2 次，间隔>6h，试验组的总剂量 60～79.2Gy，照射总剂量提高，生存率也随之提高，剂量超过 69.6Gy 后，生存率没有继续提高。目前，超分割放疗在多种肿瘤中的运用仍在探索之中。

（二）加速超放疗

加速超放疗（hyperfractionated accelerated radiation therapy，HART）可定义为：在常规治疗一半的总时间内，通过每天照射≥2 次，给予常规分割相同的总剂量。与超分割放疗不同，HART 目的为抑制快速增殖的细胞的再群体化。但在临床工作中，常常因为急性反应的限制而不可行，必须在治疗期间加入休息期或降低总剂量。由于没有改变分割次数以及分割剂量，理论上对晚期反应没有太大影响。

欧洲 EORTC 22851 进行了头颈部肿瘤(不包括口咽癌)的加速超分割放疗研究,加速放射组 72Gy/45 次/5 周(1.6Gy×3 次/d),中间休息 2 周;常规分割组 70Gy/35 次/7 周。

EORTC 22851 的临床试验结果是:加速放射组局控率增加了 15%,但生存无明显获益,急性反应增加,并出乎意料地增加了晚期反应(包括致死性并发症)。

对于晚期反应加重的原因猜测主要集中在两个方面:①每天 3 次照射,照射间歇期正常组织的修复可能是不完全的,进而累积到下一周期的不完全修复中;②晚期反应可能是由严重、未修复的早期反应进行性发展而来。因此,考虑到可能会出现严重的晚期反应,因此,纯粹的加速治疗只有在极端小心的情况下才能被谨慎使用。

(三)全程加速超分割放疗

全程加速超分割放疗指单次照射剂量≤1.6Gy,每日≥2 次,每日总剂量高于常规分割,每周照射 7d,包括周六和周日,中间没有间歇,总疗程缩短。该研究理论依据在于:尽管总剂量较低,但降低单次剂量可以减轻晚期反应,缩短总治疗时间可以抑制肿瘤增殖。

最著名的 CHART 治疗 NSCLC 的临床试验是在英国 Mount Veroon 医院和 Gray 实验室合作进行的,具体方案为:50~54Gy/36 次/12d(1.4~1.5Gy×3 次/d),每次间隔 6h,每周 7d 治疗不间歇。结果表明,CHART 局控率较好,2 年生存率 CHART 组 29% vs. 常规组 20%,尤以鳞状细胞癌的差异有显著性(CHART 组 33% vs. 常规组 19%)。虽然晚期反应的发生率未明显增加,但 CHART 组急性反应明显加重。尤其需要警惕的是在 50Gy 时部分病人出现严重的放射性脊髓病,可能是由于放射间隔 6h 不足以修复脊髓的亚致死性损伤。

(四)低分割放疗

低分割放疗(HRT)即增加单次照射剂量,减少每周分割次数。通常为每周 3 次,每次 3.0~5.0Gy,隔日照射。其生物学基础为肿瘤细胞的 α/β 值较正常组织低时,低分割放疗增加治疗增益,但晚反应组织的损伤明显加重。HRT 多用于黑色素瘤、皮肤癌、滑膜肉瘤等的治疗。30~40Gy/5~10 次/1~2 周,此方案是针对姑息治疗骨转移和脑转移病人,特别是对那些有病理性骨折危险的骨转移病人,既可达到良好的止痛效果,又可减少病人的搬动。

(五)后程加速超分割放射治疗

后程加速超分割放射治疗比较常用于食管癌的治疗,方法是前 4 周 2Gy/次,5 次/周,剂量达 40Gy 后,采用加速分割照射,1.5Gy/次,2 次/d,间隔 6h 以上,总剂量达 60~65Gy,使总疗程缩短 1 周以上,但是急性反应增加。

第四节 再程放疗

随着综合治疗与精准治疗的发展,恶性肿瘤的控制率明显提高,病人的生存率和生存时间明显增加。而随着生存期的延长,发生局部和/或区域复发或第二新发肿瘤的病人数量也随之上升。放疗和/或化疗可诱发第二肿瘤,据统计,第二肿瘤常发生在曾接受过高剂量放疗的部位或其邻近区域,其中,年幼和年轻病人发生第二肿瘤的概率远远高于年龄较大者。因此,临床实践中经常会遇到肿瘤局部复发或照射野内新发肿瘤的情况,此时必须考虑对已接受过照射的区域进行再次治疗的必要性。然而,由于周围的正常组织器官既往已接受过放疗,正常组织放射耐受性问题(见第二章)使得制订一个安全的再程放疗计划变得十分棘手。目前认为,无论是以根治为目的还是以缓解症状为诉求,再程放疗时都必须考虑以下因素:①既往放疗的 2Gy 等效剂量(equivalent dose in 2 Gy/f, *EQD2*)和照射野体积;②与既往放疗照射野的重叠程度;③与既往放疗的时间间隔;④既往放疗时及之后是否进行了其他治疗(如化疗、靶向治疗、免疫治疗等);⑤既往放疗和再程放疗所涉及的组织和器官的放疗后修复能力和功能状态;⑥再发肿瘤的分期、病人状况及治疗目的(根治或姑息等);⑦其他可选用治疗策略的权衡等。

遗憾的是,不同于初次放疗,目前关于再程放疗的放射生物学机制和大规模临床应用的探索是远远不够的。本章介绍部分实验室和小样本临床研究以供参考,但实际应用于临床时应审慎。

一、放射生物学上的原理

笔记

显然,如果在初次放疗时已经超过了正常组织器官的放射耐受剂量,导致其功能丧失或正在逐渐丧失中，那么再程放疗是不安全的。反之，若重要组织器官既往放疗时未超过放射耐受剂量，处于亚临床耐受状态，则随后给予一定的再程放疗是可以考虑的，但不同的组织器官的耐受性差异仍然很大：①更新快的早反应组织，其特点是细胞更新快，放疗后损伤很快表现出来，但因其具有快速增殖的干细胞，照射野内存活的部分干细胞或其他区域未受照的干细胞可迁移至照射野内，使得受损组织结构得以部分甚至全部修复，因此，对于部分早反应组织，如果给予足够的间隔时间，快速增殖的组织可以得到很好修复并逐渐恢复对再程放疗的耐受性。②大部分晚反应组织由于缺乏快速增殖的干细胞而更新慢，受照后难以修复，再程放疗耐受性差。但目前缺乏各个组织器官的放疗后修复及再程放疗耐受剂量的具体数据。

二、临床应用的方法

再程放疗的关键问题就是如何准确评估正常组织的耐受剂量和如何保护危及器官不受损伤，在第二章中已经有详细的描述。在临床应用的时候，还需要明确治疗的目的是什么？如果病人的病情已经是晚期，治疗的目的只是减少疼痛和症状，提高生活质量，那么可以用比较大的剂量（接近限量的上限）来尽量控制病情，改善生活质量。如果病人的肿瘤只是局部复发，其他身体情况良好。那么，治疗的放射剂量选择要非常慎重，尽量选用限量下限的剂量（避免致死性并发症），并且尽可能采取综合治疗的方法（手术、化疗和靶向治疗），提高综合治疗的手段以取得最佳的临床疗效。

第五节　分段放射治疗

分段放射治疗顾名思义就是：把一个疗程的放疗方案拆分成两部分进行，在疗程中间暂停休息一段时间。

一、放射生物学上的原理

根据放射生物学的“4R”概念，总治疗时间的延长及治疗间隔期的延长对正常组织和肿瘤组织来说，细胞的再修复、再氧合、再分布和再群体化都会得到充分的进行和完成。因此，在临床上使用分段放射治疗的方法有两个目的：①由于正常组织不能耐受，需要暂停治疗让正常组织得到很好的修复，只能牺牲一部分对肿瘤细胞杀灭的作用；②由于综合治疗方案的需要，在放疗中间加入了其他抗肿瘤治疗，只能暂停放疗，等其他治疗结束后再进行放疗，这种方案可以让正常组织得到中场休息，而针对肿瘤的治疗还在继续。

根据时间-剂量理论：晚反应组织的细胞群体发生的增殖非常缓慢，以致在数月或更长的时间内不能发生补偿性增殖，故治疗时间的长短并不影响晚期反应的程度。当需要治疗肿瘤细胞的 α/β 值比较小，接近或小于晚反应组织，临床放疗就需要增大分割剂量、减少照射次数和增加治疗总剂量，而对治疗时间没有要求，这时分段放射治疗也是一种选项。

二、临床应用的方法

（一）三明治治疗

这是一种手术加放疗的方法，具体的方案如下：在手术前先放射治疗 40Gy/20 次/4 周，然后手术切除肿瘤病灶，最后根据手术后病理的情况再放疗 20～30Gy/10～15 次/2～3 周，在临床实践中一般应用于肿瘤比较巨大，手术难以切除的病例及肿瘤对放疗不敏感的病例，例如：上颌窦癌、直肠癌等。

（二）分段放射治疗

一般治疗方案是：先放疗 36～40Gy/20 次/4 周，然后休息 2 周，再治疗 18～30Gy/10～15 次/2～3 周。这种治疗方案适用于年老不能耐受放疗反应、姑息治疗的病人，也适用于一些肿瘤细胞的 α/β 值小于晚反应组织的病例，如老年的前列腺癌病人。用这样的治疗方法，既可以耐受放疗反应，又可以使肿瘤得到根治性放射治疗。临床上还有一种情况（第四章第四节）：病人自行终止治疗，后又要求继续放疗，人为地造成分段治疗，那么就需要用相应的放射生物学的数学公式来计算剂量来保证治疗的疗效。

第六节 近距离放疗

近距离放疗(brachytherapy)是指用微型的封装放射源对肿瘤进行短程照射的放疗方法的总称,近距离治疗是相对于远距离治疗(如采用^{60}Co机、直线加速器等治疗)而言的。自1898年居里夫妇提炼出放射性镭元素并用于临床治疗肿瘤以来,近距离放疗主要包括两种形式,即暂时性驻留(放射源经施源器暂时放入肿瘤特定部位,达到处方剂量后移除)与永久性植入(放射源插植入肿瘤特定部位,在体内自然衰减)。

一、放射剂量学特点

(一)剂量率效应

近距离治疗放射源的选择依赖于源的四大特性:①射线类型;②射线能量;③核素丰度;④半衰期。近距离放疗中常用的射线类型包括β和γ射线。国际辐射单位和计量委员会(ICRU)将放射源按剂量率分为:高剂量率(HDR)、中剂量率(MDR)和低剂量率(LDR)三种形式,参考点剂量率>12Gy/h为HDR,2~12Gy/h为MDR,0.4~2Gy/h为LDR。当前国内的腔内近距离放疗以HDR的^{192}Ir放射源最为常见,^{125}I、^{103}Pa和^{198}Au则是插植近距离放疗常用的放射源。

既往多采取的LDR连续照射取得了较好的疗效。目前HDR照射应用越来越广泛,临床上基本取代LDR照射。HDR照射的优点在于治疗时间短、护理方便、可以在门诊进行,可以通过调整放射源驻留的时间和位置,优化剂量分布。研究表明,与传统LDR连续照射不同,HDR照射可以通过增加分割次数、降低总剂量,得到与LDR治疗相同的疗效,同时不会明显增加并发症。但HDR照射的生物剂量模式还不是很清楚,不能照搬LDR的经验。

(二)剂量平方反比定律

近距离放疗特点是放射源植入肿瘤组织或与之非常贴近,剂量分布遵循距离平方反比定律,即放射源附近的剂量很高,然后剂量陡降,肿瘤周围的正常组织受量低,从而可以有效保护正常组织。在距离放射源较近区域,剂量变化大,而在距离放射源较远区域,剂量变化小。因此,近距离放疗不采用剂量均匀性的概念。外照射时,计划靶区的剂量变化要求在95%~107%。而在近距离放疗时,剂量按平方反比定律变化,放射野内的剂量并不均匀。

二、临床应用的方法

(一)腔内近距离放疗

腔内近距离放疗(intracavitary brachytherapy)是指将放射源通过人体自然腔道,放置在肿瘤附近进行照射的一种近距离放疗方法。这个腔道可以是体内的空腔,如宫颈、子宫、阴道等,也可以是体内管腔,如食管、气管等,因此,又称为管腔内近距离放疗。一般来说,腔内近距离放疗只适用于较小且浅表的腔内或管内恶性病变。

以临床最常应用的宫颈癌为例。妇科肿瘤腔内放疗的历史悠久,先后出现了诸多宫颈癌腔内放疗剂量体系,如斯德哥尔摩系统、巴黎系统和曼彻斯特系统等。曼彻斯特系统是在巴黎系统的基础上确立了点剂量为参照剂量的剂量学体系,增加A、B剂量参考点,其中A点代表宫颈癌放疗中宫颈口上2cm、宫腔中轴旁2cm的位置,B点代表为宫颈口上2cm、宫腔中轴旁5cm的位置。曼彻斯特系统A、B点的概念目前仍被广泛使用。

计算机技术对于监控靶区和周围正常组织的剂量提供了更多帮助,可以对放射源的驻留时间进行精确控制,从而调控该驻留点的照射剂量。研究发现,局部晚期病变近距离治疗的高局部失败率、高并发症率与处方剂量、三维解剖结构之间存在一定关系。在计算机技术发展基础上,以CT/MRI影像获取施源器体内位置为基础的三维治疗计划系统逐渐应用于临床,可以按需调整子宫、膀胱、直肠等邻近组织的处方剂量。三维腔内治疗计划体系在临床中取得了一定成效,是目前临床关注的热点。

此外,针对计算机控制HDR技术的ICRU 38号报告规范了腔内近距离治疗中使用的治疗技术(施源器)、时间-剂量模式、空气比释动能和处方剂量定义,界定了照射体积、参考体积及高剂量体积

笔记

的概念。照射体积定义为处方剂量的 90%～95%等剂量线所包绕的体积，用于评价治疗体积外正常组织放射性副反应。参考体积常用于肿瘤靶区某一剂量水平照射所包绕的体积。高剂量体积定义为处方剂量的 150%或 200%等剂量线所包绕的体积，用于评价剂量分布的高剂量区域，解释肿瘤的控制效应和正常组织副反应。

（二）组织间插植放疗

组织间插植放疗（interstitial brachytherapy）是指将放射性粒子直接植入瘤体内，是对肿瘤组织进行高剂量照射的一种近距离放疗方法。适合于根治性放疗后某些肿瘤残存或复发，或病变位于（近）体表部位，或需要保持功能者。目前多应用于舌癌、口底癌、前列腺癌、乳腺癌、转移淋巴结等挽救性治疗中。

组织间插植照射的剂量分布直接受放射源的长度、数量、几何形状及治疗时间等因素的影响。可模拟巴黎系统获得较均匀的剂量分布，原则为：①放射源为平行的直线源；②放射源长度相等；③每条放射源活性长度相等；④放射源间距相等；⑤放射源中点位于垂直放射源轴的同一平面；⑥立体插植时中心平面源排列成等边三角形或正方形。以各源间中心剂量之和的均值为基础剂量，参考剂量为基础剂量的 85%。

（三）其他近距离放疗

1. 敷贴放疗　敷贴放疗（mould）是指将适当的放射源作为敷贴器覆盖在肿瘤表面，照射一定时间，达到治疗目的的一种近距离放疗方法。它主要用于治疗浅表的恶性肿瘤，特别是肿瘤浸润深度<5mm 者，或可作为残留肿瘤的补充照射手段。考虑到剂量梯度落差，切忌用于深层（>1cm）肿瘤的治疗，以免在肿瘤未到达控制剂量之前，皮肤剂量已远远超出耐受剂量，造成损伤。

2. 术中放疗　术中放疗（interoperative irradiation，IORT）是指在手术中充分暴露肿瘤（瘤床），将危及器官尽量移除照射野之外，对肿瘤进行单次大剂量放疗。该方法适用于脑瘤、胰腺癌、胆管癌等治疗。术中放疗具有以下优点：①精确控制放疗的区域及剂量，有效地保护照射野周围的正常组织及器官，全身副作用轻微；②与同等剂量分次外照射相比，单次大剂量照射不利于肿瘤细胞的修复，最大程度地杀灭肿瘤细胞，减少术后复发，具有更高的生物效应。但受解剖部位的限制及放射防护等原因，术中放射临床应用较少。

需要注意的是，近距离放疗靶区内剂量分布不均匀，临床应用受到肿瘤所在解剖部位的限制，必须保护周围重要危及器官，以避免出现严重并发症。因此，近距离放疗在临床工作中主要用于局部加量照射，通常需要与外照射配合进行。

本章小结

1. 乏氧细胞对放疗的影响以及乏氧细胞再氧合的意义。氧增强比是指在缺氧及有氧条件下，产生相同生物效应时所需的照射剂量之比。“氧固定假说”认为，氧可以固定（即永久化）自由基产生的损伤。

2. 立体定向放射外科及体部立体定向放射治疗的概念。SRT 治疗剂量分割模式差异较大，原则上应根据肿瘤位置、大小、周围重要危及器官、病理类型和病人全身状况等因素而定。

3. 近距离放疗是指用微型的封装放射源对肿瘤进行短程照射的一类放疗手段的总称，包括腔内近距离放疗、组织间插植放疗、敷贴放疗和术中放疗等。ICRU 将放射源按剂量率分为高剂量率（HDR）、中剂量率（MDR）和低剂量率（LDR）三种。

4. 分割照射的理论基础来源于放射生物学“4R”，把剂量分成多次时，可以使正常组织在分次照射之间的亚致死性损伤得以修复并再增殖，从而有效保护正常组织；同时，由于分次照射之间肿瘤细胞完成再氧合和周期再分布，提高其对射线的敏感性，增强肿瘤的杀伤性。

5. 再程放疗时必须考虑以下因素：①既往放疗的 2Gy 等效剂量（*EQD*2）和照射野体积；②与既往放疗照射野的重叠程度；③与既往放疗的时间间隔；④既往放疗时及之后是否进行了其他治疗；⑤既往放疗和再程放疗所涉及的组织和器官的放疗后修复能力和功能状态；⑥再发肿瘤的分期、病人状况及治疗目的；⑦其他可选用治疗策略的权衡等。

笔记

病例讨论

病人，男，78 岁，因“反复咳嗽半年”就诊。

病人半年前出现咳嗽，少痰，自服药物抗感染治疗后缓解，未予重视，后反复发作，查胸部 CT 发现右下肺占位，考虑恶性可能，病人因心功能差（EF = 50%）无法耐受手术。既往史：38 年前行“二尖瓣扩张术”，有“高血压”史 10 年，服用“厄贝沙坦”，血压控制尚可。有“房颤”病史 15 年，服用“华法林”控制。否认吸烟史，查体：全身浅表淋巴结未触及肿大，心肺查体未及明显异常。PS 评分 1 分。

入院进一步查 PET-CT 提示右下肺占位（周围型），大小约 1.9cm×2.5cm 不规则样结节影，边界清，呈浅分叶，放射性摄取增高，SUV_{max} 为 6.71，延迟扫描后，放射性摄取进一步增高，SUV_{max} 为 7.6，纵隔淋巴结未见放射性摄取增高，余全身未见转移。经皮肺穿刺活检病理：（肺）鳞癌。

0802

病例讨论

提问：

1. 作为放疗科医生考虑如何进一步治疗？
2. 制订治疗计划时，应如何安排处方剂量？

（张瑜　高伟）

0803

扫一扫，测一测

思考题

1. 简述生物等效剂量公式。
2. 简述再程放疗时必须考虑的因素。
3. ICRU 将放射源按剂量率分为几类？
4. 简述近距离放疗的定义及分类。

第九章 放射生物学在肿瘤综合治疗中的应用

学习目标

1. 掌握：各种肿瘤综合治疗方式背后的放射生物学原理。
2. 熟悉：放射治疗与化疗联合；分子靶向与放疗联合。
3. 了解：肿瘤多学科综合治疗模式和发展方向。

第一节 放射治疗与化疗联合

临床实际工作中，常将放射治疗与化疗药物联合应用，其目的一方面是发挥化疗药物的全身抗肿瘤作用，防止肿瘤系统性播散，另一方面是发挥化疗药物的放射增敏作用，增强放射线对肿瘤细胞的杀伤效果，达到更好的局部控制作用。

一、化学治疗与放射治疗相互作用的概念

应用体外培养的肿瘤细胞和实验动物，进行放射线和/或药物与细胞作用的剂量-效应研究，观察细胞对放射线和药物的敏感性，用于分析放射线和化疗药物联合的作用机制和剂量-效应关系。放射线和化疗药物相互作用表现为如下几种形式：

1. 拮抗抑制作用（inhibition，antagonism） 拮抗作用指当将两者联合应用时，其联合作用效果低于单独使用任何一种方式时两者中的较小的作用。抑制作用指当将两者联合应用时，其联合作用效果低于单独使用任何一种方式时两者中的较大的作用。

2. 加强作用（subadditive effect） 当将两者联合应用时，其联合作用效果低于单独使用任何一种方式时两者的效应之和，但高于两者单独使用时的作用效果。

3. 相加作用（additive effect） 当将两者联合应用时，其联合作用效果为两者单独使用时的效应之和。

4. 超相加作用（super-additive effect）也称为协同作用（synergistic or radio-potentiating） 当将两者联合应用时，其联合作用效果大于两者单独使用时的任何一种作用效果之和。

二、化疗药物增加放射敏感性的机制

具体内容见第六章第四节。

三、同期放化疗的临床应用

（一）头颈部肿瘤

鼻咽癌是我国最常见恶性肿瘤之一，尤其两广地区为高发区，同期放化疗是局部晚期鼻咽癌标准治疗方案。1998 年 INT 0099 研究报道，Ⅲ～Ⅳ期鼻咽癌同期放化疗（顺铂 100mg/m^2 三周方案）和单纯放疗的 5 年生存率分别为 67%和 37%，5 年无进展生存率分别为 58%和 29%，同期放化疗疗效明显好于单纯放疗者。还有采用顺铂 40mg/m^2 周方案、采用 PF 方案同期放化疗均得到同期放化疗疗效明

显优于单纯放疗的结果。荟萃分析结果也充分说明局部晚期鼻咽癌同期放化疗疗效显著优于单纯放疗。近年来紫杉类药物+铂类同期放化疗使鼻咽癌的疗效明显提高，鼻咽癌同期放化疗前的诱导化疗的作用效果也得到前瞻性研究证实。

（二）局部晚期非小细胞肺癌（NSCLC）

对于不可手术切除的Ⅲ期非小细胞肺癌，放化综合治疗疗效明显优于单纯放疗，并且研究证实同期放化疗疗效优于序贯放化疗。早期 EORTC 一项Ⅲ期临床研究结果显示，局部晚期非小细胞肺癌 EP 方案同期放化疗的局部控制率和生存率明显优于单纯放疗。2004 年和 2010 年两项荟萃分析均提示，局部晚期非小细胞肺癌同期放化疗与单纯放疗相比，显著提高了局部控制率和生存率，同期放化疗成为晚期非小细胞肺癌的标准治疗模式。RTOG 9410 研究报道，不可手术Ⅱ~Ⅲ期 NSCLC 同步放化疗和序贯放化疗的 5 年生存率为 15%和 10%，中位生存期 17 个月和 14.6 个月，同步放化疗显著优于序贯放化疗。2010 年一项比较 NSCLC 同步放化疗和序贯放化疗的荟萃分析提示，同步放化疗与序贯放化疗相比，3 年和 5 年生存率绝对获益分别为 5.7%和 4.5%，并显著降低了局部复发，但同期放化疗的毒副反应明显增加，3~4 级放射性食管炎的发生率由序贯放化疗的 4%增加到 18%，但放射性肺炎发生率并没有显著增加。

（三）小细胞肺癌（SCLC）

同期放化疗是局限期小细胞肺癌的标准治疗方案，1992 年的一项荟萃分析提示局限期小细胞肺癌同期放化疗生存率明显优于单纯化疗，3 年生存率分别为 13.4%和 8.9%，2 年局部复发率为 23%和 48%，由此奠定了同期放化疗在小细胞肺癌综合治疗中的地位。一项国际临床研究表明，同期放化疗疗效明显优于序贯放化疗，多项临床研究提示，局限期小细胞肺癌放疗尽早参与后生存率要明显高于较晚才行放疗者，1~2 周期化疗后开始加入放疗效果最佳。广泛期小细胞肺癌在全身化疗达到缓解的基础上联合局部放疗，能显著提高局部控制率并改善长期生存，因此，小细胞肺癌放化综合治疗非常重要。

（四）食管癌

对于可切除食管癌，手术仍然是最主要的治疗方法，但多项临床研究结果提示，术前放化疗可以提高可切除食管癌的根治性（R0）切除率和病理完全缓解（pCR）率，能明显降低食管鳞癌和腺癌的死亡风险，但围手术期患病率和死亡率与单纯手术相似。2003 年和 2007 年先后两项荟萃分析均提示，食管癌术前放化疗与单纯手术相比，能显著提高生存率。近期荟萃分析也提示，无论食管鳞癌还是腺癌，术前放化疗均能使长期生存获益。

中国作为食管癌高发区，90%以上为食管鳞癌，术前新辅助放化疗的临床应用并不理想。可手术切除食管癌病人大多直接进行了手术切除，多项回顾性研究提示，食管鳞癌术后淋巴结阳性者较多，术后放疗或放化疗能显著降低局部区域复发，改善长期生存率。对于不可手术切除的局部晚期食管癌，RTOG 8501 研究结果显示，同期放化疗疗效显著高于单纯放疗，尤其对于手术后病理为Ⅲ期或淋巴结阳性（N^+）者，术后放疗或放化疗能明显改善其生存。国内多个回顾性研究也得出类似的结论，荟萃分析也肯定了同期放化疗在食管癌治疗中的作用。因此，同期放化疗作为局部晚期不可切除食管癌的标准治疗方案已被写入治疗指南，但同期放化疗的毒副作用在临床实际工作中需要重点关注。

（五）直肠癌

对于Ⅱ~Ⅲ期直肠癌病人尤其是低位直肠癌病人，目前标准的治疗模式是术前同期放化疗+手术。一项国际临床研究提示，直肠癌术前放化疗与术前单纯化疗的 pCR 率分别为 11.4%和 3.6%，局部失败率分别为 8.7%和 17.1%，但生存率相似。多项研究结果提示，Ⅱ~Ⅲ期直肠癌术后放化疗与单纯手术相比，显著延长了局部复发时间、降低局部复发率。德国一项随机研究比较直肠癌术前同期放化疗与术后同期放化疗，结果两组生存率相似，但术前放化疗组局部复发率（6%）明显低于术后放化疗组（13%），并且术前放化疗组的保肛率高、毒副反应发生率较低，因此在临床实际工作中推荐术前放化疗。

笔记

第二节　分子靶向治疗与放疗联合

分子靶向治疗是针对参与肿瘤发生发展过程的细胞信号传导和其他生物学途径的治疗手段。随着对肿瘤治疗的认识越来越深刻，除手术、放疗、化疗三大经典治疗手段以外，分子靶向治疗作为肿瘤治疗的新手段，以其高效、低毒等特性，正成为肿瘤研究的热点。针对某些特定人群，存在特殊靶标，可设计相应的治疗药物，药物进入体内会特异地选择致癌基因位点并与之相结合发生作用，使肿瘤细胞特异性死亡，而不会波及肿瘤周围的正常组织细胞，所以分子靶向治疗又被称为“生物导弹”。

一、分子靶向药物与放疗结合的原理

靶向治疗分三个层次：器官靶向、细胞靶向和分子靶向。分子靶向治疗的靶点主要为肿瘤细胞的受体、关键基因和调控分子，作用于促肿瘤生长的特异性细胞受体、信号传导等通路，抑制肿瘤新生血管形成，阻断细胞周期调节，实现抑制肿瘤细胞生长、促进凋亡的作用。分子靶向药物不影响肿瘤细胞的DNA或RNA，仅达到抑制肿瘤细胞增殖的效果。而传统的化学细胞毒药物，非选择性造成DNA的不可逆性破坏，除导致肿瘤细胞急性死亡之外，正常组织细胞也因具有增殖活性而受到影响。所以分子靶向药物能高效并选择性杀伤肿瘤细胞，而且对周围正常组织损伤较小，具有较高选择性，高效低毒正是传统化疗药物难以达到的目标。根据分子靶向药物的作用靶点和性质，可将分子靶向药物分为两大类。

（一）单克隆抗体

单抗类抗肿瘤药物分子质量大，半衰期长，易受胃酸影响，不能口服，进入体内5~7d才能到达靶位置，故常采用每周一次的静脉给药方式，单药治疗效果差，多与化疗药物联合应用，增加抗肿瘤作用。

1. 裸单抗　即非结合型单抗，依赖其诱导的细胞毒免疫效应，阻断抗体-配体的结合，诱导细胞凋亡。代表性药物：

（1）尼妥珠单抗（Nimotuzumab）：能够竞争性结合EGFR，阻断由EGFR与其介导的下游信号转导通路，从而抑制肿瘤细胞增殖、诱导分化、促进细胞凋亡、抑制肿瘤血管生成、增强放化疗疗效。目前主要用于鼻咽癌、头颈部恶性肿瘤的治疗中。

（2）曲妥珠单抗（Herceptin）：是一种针对HER-2/neu原癌基因产物的人/鼠嵌合单抗，能特异性地作用于HER-2受体过度表达的乳腺癌细胞。目前曲妥珠单抗主要应用于乳腺癌的治疗。

（3）西妥昔单抗（Cetuximab）：是抗EGFR人/鼠嵌合IgG单克隆抗体，和EGFR的细胞外配体直接结合，抑制肿瘤的生长，并与化疗、放疗起到协同抗肿瘤作用。EGFR抑制剂西妥昔单抗是第一个被前瞻性的随机对照临床研究证明能够协同放疗取得良好临床疗效的分子靶向药物。目前西妥昔单抗主要应用于头颈部肿瘤和NSCLC的治疗。

（4）贝伐珠单抗（Bevacizumab）：是重组人单克隆抗体，它可以与VEGF相结合，阻断其与相应受体结合，从而抑制内皮细胞的增生和新生血管的形成，达到抑制肿瘤生长和转移的效果。目前贝伐珠单抗主要应用于肠癌和NSCLC的治疗。

（5）PD-1/PD-L1免疫检查点抑制剂：在许多抗肿瘤治疗中已广泛应用，目前已批准用于黑色素瘤和非小细胞肺癌。

2. 装饰性单抗　即结合型单抗，是通过自身对肿瘤抗原的识别，将耦联的药物、毒素、放射性同位素等带到肿瘤局部，起到携带杀伤武器的载体作用。代表性药物：标记^{131}I的抗CD_{20}的托西莫单抗，通过载体运送至肿瘤局部，起到放射性杀伤肿瘤细胞的作用。

（二）小分子靶向药物

代表性药物：酪氨酸激酶抑制剂。

（1）格列卫（Glivec）：也称甲磺酸伊马替尼，是一种能抑制酪氨酸激酶第571号信号传导的抑制剂，单药治疗慢性粒细胞白血病的有效率超过联合化疗且副反应轻微，开启了靶向治疗的里程碑。Glivec应用于胃肠道间质瘤（GIST）病人的治疗疾病控制率达80%~90%。

笔记

（2）吉非替尼（Gefitinib）：是一种表皮生长因子受体-酪氨酸激酶（EGFR-TKIs）拮抗剂。适用于：①EGFR-TKIs 基因敏感突变的晚期 NSCLC 的一线治疗；②既往接受过至少一个含铂化疗方案治疗失败后的晚期 NSCLC；③至少四周期以铂类为基础的一线化疗后稳定的晚期 NSCLC 的维持治疗。

二、分子靶向药物与放疗结合的临床应用

（一）食管癌

一项前瞻性多中心ⅠB/Ⅱ期的临床研究，纳入局部晚期食管癌病人 28 例，给予 50.4Gy 放疗，并同期给予 DP 方案化疗联合西妥昔单抗治疗后，其中有 25 例病人接受手术治疗（均为 R0 切除），术后 1 年内无治疗相关的死亡，19 例病人（68%）完全或接近 pCP。术前新辅助治疗理论上可以消灭微小病灶，降低手术分期，提高手术切除率，联合分子靶向治疗对局部晚期食管癌病人来说，增加病理完全缓解率，同时不明显增加围术期并发症。

对于不能手术的中晚期食管癌病人，同期放化疗成为标准治疗模式。一项多中心的Ⅱ期临床试验中，63 例不能手术的中晚期食管癌病人被随机分为两组：单纯放化疗组（30 例）和放化疗联合尼妥珠单抗组（33 例），结果显示，在疗效方面，放化疗联合尼妥珠单抗组和单纯放化疗组的有效率（CR+PR）分别为 47.8%及 25.4%，两者疾病控制率（DCR）分别为 60.9%及 26.9%；在副反应方面，联合尼妥珠单抗组仅出现Ⅰ～Ⅱ级毒性反应，未出现严重过敏反应及皮疹，说明食管癌同步放化疗联合尼妥珠单抗进一步提高了近期疗效且没有增加放化疗的毒副作用，但远期疗效有待进一步评估。

（二）非小细胞肺癌（NSCLC）

目前临床上应用于 NSCLC 靶向治疗的药物主要有三类：①以表皮生长因子受体（EGFR）为靶点，包括 EGFR-酪氨酸激酶抑制剂（TKIs）和 EGFR 单克隆抗体；②棘皮动物微管结合蛋白 4（EML4）-间变淋巴瘤激酶（ALK）融合基因抑制剂；③抗肿瘤血管生成剂。

目前 EGFR-TKIs 已被 NCCN 指南推荐用于 EGFR 突变阳性的晚期或转移性 NSCLC 病人的一线治疗。临床已有多项研究结果显示，在有 EGFR 突变的病人中一线使用 EGFR-TK 治疗的有效率较化疗者明显升高，而死亡风险或疾病进展风险明显降低。那么 EGFR-TKIs 是否具有放疗增敏作用，联合放疗是否能更好地抑制肿瘤？一项国内的吉非替尼联合放疗体外实验，证实吉非替尼与放射线联合可以明显提高肿瘤细胞的凋亡率，具有放射增敏作用。

现阶段，全脑照射是 NSCLC 多发脑转移病人的标准治疗方案，病人接受全脑照射后中位生存期为 3～5 个月，结果并不令人满意。一项来自美国的厄罗替尼同步全脑照射治疗 NSCLC 多发脑转移的Ⅱ期单臂临床研究中，有 EGFR 突变的病人，厄罗替尼联合全脑照射可使总生存期延长达到 1 年以上。总之，针对 EGFR 突变病人中相当部分病人显示出了更长的生存期，同时也证实 TKI 药物同步全脑照射的毒性是可以耐受的。

肿瘤的生长、分化和转移是血管依赖的，因此阻断血管生成是抑制肿瘤生长的有效策略。一项国内临床研究探索了用恩度（肿瘤血管生长抑制剂）联合同步放化疗治疗局部晚期 NSCLC 的临床疗效、不良反应及耐受性，结果显示，恩度联合同步放化疗组具有良好的近期疗效，能够改善病人的生活质量，其 1 年生存率、1 年无进展生存率、1 年局控率较单纯同步放化疗均有所提高，且安全性和耐受性良好。

知识拓展

给东方人的礼物

吉非替尼（EGFR-TKI 药物）在西方做新药临床试验时，被认为是无效的药物，差一点就要被淘汰。日本的一项以亚洲人群为研究对象的临床试验的结果挽救了吉非替尼，得到了上市。而且，吉非替尼在治疗亚洲不吸烟的女性中得到很好的疗效，有的晚期广泛转移的肺癌病人服用了这个药物十几年后，还健康生存着。因此，吉非替尼被认为是肺癌靶向治疗的里程碑，EGFR-TKI 药物被称为“给东方人的礼物”。肺腺癌病人中约 20%病人发生 EGFR 基因突变，突变人群普遍存在于非吸烟者和亚裔人群中，最常见的两种 EGFR 突变为 19 号外显子缺失和 21 号外显子的 L858R 突变，在 TKI 敏感的腺癌中比例约为 90%。代表药物有吉非替尼、厄洛替尼、盐酸埃克替尼和阿法替尼。

笔记

（三）头颈部肿瘤

BONNERⅢ期临床研究显示，放疗联合西妥昔单抗治疗局部晚期头颈部鳞状细胞癌，治疗组肿瘤局部控制率、无进展生存以及总生存率均明显好于单纯放疗组，延长生存近20个月，且没有增加毒副作用。一项中国的临床研究表明，尼妥珠单抗（泰欣生）联合放疗治疗局部晚期鼻咽癌与单纯放疗相比较，尼妥珠单抗联合放疗组的局部控制率、无进展生存以及总生存率均明显好于单纯放疗组。

三、问题与展望

分子靶向治疗实施的关键是正确寻找分子靶标，选择合适的靶向药物。每一个分子靶向药物都是针对一个异常的肿瘤分子靶点，由于肿瘤具有复杂的异质性，并不是同种肿瘤必然有相同的相应异常靶点，相反不同肿瘤可能有相同异常靶点，所以必须先检测后治疗，做到“有的放矢”。由于大部分分子靶向药物仅是使肿瘤处于被抑制状态，并不能完全杀灭肿瘤，这就更要求靶向药物必须联合各种不同疗法，取长补短，用综合治疗提高疗效与病人的生活质量。肿瘤分子靶向治疗虽然取得了较好的疗效，但是面临更多的是挑战。正确和客观地认识分子靶向治疗的作用和地位，是临床肿瘤工作者的当前之要务。

第三节　免疫治疗与放射治疗联合

随着放疗设备和放疗技术飞速发展，调强放疗和图像引导放疗广泛应用于临床，尤其是大分割技术SBRT或SABR的广泛临床应用，发现部分病人仅单纯照射一个部位肿瘤后，其他部位转移瘤也明显缩小甚至消失，从而推断大分割照射能够激活自身的免疫系统，发挥了免疫抗肿瘤作用，因此该方面的研究近些年也取得较快进展。

一、免疫治疗与放疗结合的原理

肿瘤的发生发展与免疫功能密切相关，免疫系统既具有抑制肿瘤发生发展的作用，也可以导致肿瘤细胞产生免疫耐受，此过程被称为肿瘤的免疫逃逸，包括3个阶段：①免疫清除阶段，固有免疫和适应性免疫共同发挥作用，在肿瘤细胞发生之初监测到肿瘤细胞的存在，在其形成临床可见肿块之前就将其彻底清除掉。②免疫平衡阶段，如果自身免疫清除未能全部消灭所有肿瘤细胞，则有少部分肿瘤细胞存活下来进入免疫平衡阶段，肿瘤细胞的生长和死亡达到一定平衡，残存的这些肿瘤细胞进入功能休眠阶段，潜伏在病人体内可达数年甚至数十年之久，当身体在某些因素影响下，处于免疫功能、抵抗力低水平时，就会出现肿瘤快速生长或远处转移，机体在控制肿瘤细胞生长的同时又诱导肿瘤细胞免疫源性的产生，对免疫系统产生耐受。③免疫逃逸阶段，肿瘤细胞在应对免疫调控过程中出现突变或者机体免疫系统出现衰弱，导致部分肿瘤细胞逃脱免疫系统的监控作用，进入免疫逃逸阶段，这一过程有多种免疫抑制因子和免疫抑制细胞参与，改变了肿瘤微环境，抑制抗肿瘤免疫反应；其中，肿瘤细胞导致的相关抗原丢失是导致免疫逃逸的关键因素。

放射治疗对肿瘤免疫的影响如下：

1. 放疗对免疫功能的激活作用　放疗主要通过以下几方面的机制引发机体抗肿瘤免疫应答：①产生新抗原，肿瘤局部放疗可引起肿瘤细胞的免疫源性死亡，产生新的肿瘤抗原，进而由树突状细胞（DC）递呈到肿瘤特异的效应T细胞即细胞毒性T细胞（cytotoxic T lymphocyte，CTL），这些肿瘤特异性CTL进入血液循环并归巢于肿瘤局部，可以特异性地识别所有表达相似抗原的肿瘤细胞，并通过穿孔素、颗粒酶等途径介导肿瘤性靶细胞死亡，进而清除照射野内和照射野外的肿瘤，由此产生“远隔效应”，即对局部病灶进行放疗后，照射范围之外的转移病灶也会有部分缩小甚至完全消失，大分割照射或立体定向放疗联合免疫治疗在黑色素瘤、非小细胞肺癌、肝癌等多种肿瘤治疗中均观察到“远隔效应”的发生。②调节细胞因子的释放，放疗能提高多种趋化因子的表达水平，进而促进CD_8^+效应T细胞和CD_4^+Ⅰ型辅助性T细胞的招募，并促进多种促炎性细胞因子的释放。③放疗提高肿瘤细胞对免疫细胞杀伤作用的敏感性。

2. 放疗对免疫功能的抑制作用 可通过促进 TGF-β 等细胞因子分泌,抑制 DC 细胞和 T 细胞活化,促进调节性 T 细胞和 M_2 型免疫抑制性巨噬细胞的扩增,抑制免疫功能。抑制转化生长因子-β(TGF-β)信号通路可能有助于降低放疗对免疫功能的抑制作用。

知识拓展

免疫靶向药物

目前临床应用的主要是免疫检查点抑制剂药物,包括:

1. 细胞毒 T 细胞相关抗原-4(CTLA-4) 抗体 Ipilimumab(依匹单抗)。

2. 靶向程序性死亡受体-1(PD-1)单抗 Nivolumab(那武利尤单抗)和 Pembrolizuma(帕博利珠单抗)。

3. PD-L1 抑制剂 Durvalumab(度伐鲁单抗)和 Atezolizumab(阿特珠单抗)。

第一个被发现的免疫检测点是 CTLA-4,是在抗原呈递过程中负性调节 T 细胞激活,这种信号抑制可引起细胞毒 T 细胞抗肿瘤效应的激活。其适应性免疫和对 T 细胞的负性调节功能使其成为一个极具吸引力的靶点。人源化抗 CTLA-4 抗体(Ipilimumab)首先应用于转移性黑色素瘤治疗,显示了良好的疗效,并且证实与放疗诱导的远隔效应相关,随后在肺癌中也显示出相似的疗效。

二、免疫治疗与放疗结合的临床应用

免疫治疗是近年来新兴的肿瘤治疗方式,在恶性黑色素瘤、肺癌、结直肠癌、淋巴瘤、肾癌、膀胱尿路上皮癌、胃癌或胃食管结合部癌、头颈部肿瘤及妇科肿瘤等多种恶性肿瘤中显示出可观的疗效。目前有一百多项放疗与 PD-1/PD-L1 抑制剂的联合应用的临床研究正在进行中,将来会不断有新的临床研究成果出现。

(一)肺癌

放疗与 PD-1/PD-L1 抑制剂的联合应用研究证实,放疗可上调 T 细胞 PD-1 的表达和肿瘤细胞 PD-L1 的表达,PD-1 通路通过抑制免疫应答,限制放疗介导的远位效应的产生,而 PD-1 抑制剂可以逆转此种状态。在临床实践中,发现放疗联合应用 PD-1 抑制剂较联合应用 CTLA-4 抑制剂发生远隔效应的概率更大。放疗联合 PD-L1 抑制剂的临床研究最初应用于晚期非小细胞肺癌(NSCLC),约翰霍普金斯大学对 74 例脑转移瘤病人(其中 NSCLC 23 例)的回顾性研究显示 SRS 同步免疫药物治疗(Nivolumab 或 Ipilimumab)可使脑新发病灶发生率下降 40%,新发脑转移灶的数目平均由 7 个下降至 1 个,表明 SRS 同步免疫治疗可产生远隔效应,显著降低脑新发病灶的发生率和肿瘤负荷。

纽约纪念医院对 84 例胸部放疗联合免疫检查点抑制剂治疗,其中 76%病人接受 Nivolumab,17%病人接受 Ipilimumab,6%病人接受两药合用,同步放疗者占 56%,序贯放疗者占 44%。联合治疗者不良反应多为 1~2 级,如肺炎(7.2%)、食管炎(16.7%)、乏力、皮炎等,无 5 级毒副反应。该结果表明胸部放疗联合免疫治疗可以耐受。Ⅰ期临床试验 KEYNOTE-001 中,晚期及局部晚期 NSCLC 在 Pembrolizumab 治疗前接受放疗病人无进展生存率(PFS)和总生存率(OS)分别为 4.4 个月和 10.7 个月,而单纯免疫治疗仅为 2.1 个月和 5.3 个月,联合治疗疗效显著且不增加≥3 级的不良反应。新近一项Ⅲ期临床研究针对局部晚期(Ⅲ期)NSCLC,在接受标准含铂方案同步放化疗后稳定的病人,随机分为 Durvalumab(PD-L1 抑制剂)维持治疗组和安慰剂组,结果表明 Durvalumab 维持治疗可以使 PFS 从 5.6 个月延长到 11 个月,疗效非常显著。最近一项报道 35 例晚期或转移性 NSCLC 大分割放疗联合 Nivolumab 与单纯应用 Nivolumab 治疗进行比较,1 年生存率分别为 57.8%和 27.4%,无进展生存率分别为 57.8%和 20.6%,二者毒副反应相似,可见联合治疗组的疗效显著好于单纯应用免疫抑制剂组。

笔记

综上所述,放疗与 PD-1/PD-L1 抑制剂的联合应用治疗肺癌在临床上显示了良好的临床前景。

（二）恶性黑色素瘤

恶性黑色素瘤过去在临床上，除了早期手术完整切除外，后期没有好的治疗方案，由于恶性黑色素瘤 α/β 值小，接近晚反应组织，肿瘤细胞内乏氧细胞多，对放化疗都不敏感，临床预后差。自从 CTLA-4 单抗药物上市以后，其在治疗转移性黑色素瘤显示了良好的疗效。

一例报道恶性黑色素瘤病人接受 CTLA-4 单抗 Ipilimumab 治疗时病灶缓慢进展，病情进展者给予脊柱旁病灶 9.5Gy×3 次大分割照射，结果发现治疗后未接受照射的肺门旁淋巴结和脾脏转移灶也相继缩小。另一项临床试验研究发现，转移性黑色素瘤病人，在局部 SBRT 放疗后给予 Ipilimumab 治疗，显示有 18%病人出现照射野外肿瘤退缩，还有 18%病人照射野外肿瘤维持稳定。在Ⅲ~Ⅳ期恶性黑色素瘤病人中 Ipilimumab 单抗联合放射治疗后，生存期从 6.4 个月增加到 10 个月，放疗与免疫治疗联合可明显增强治疗效果。

一些研究表明，在Ⅲ~Ⅳ期恶性黑色素瘤病人中接受 Ipilimumab 治疗的同时，给予姑息性放疗，在放疗部位之外的远隔肿瘤灶处可引起远位效应，放射治疗和免疫治疗的协同效应显著增加，肿瘤转移灶缩小。在转移性黑色素瘤病人接受姑息性照射后，血清学检测可发现抗黑色素瘤抗原 A3 抗体，联合放射治疗和 Ipilimumab 免疫治疗后，病人的淋巴结转移灶消退，肿瘤得到缓解，同时黑色素瘤抗原 A3 抗体的滴度增加，全身抗肿瘤效应增强。

研究发现，产生远位效应病人的中位生存期 22.4 个月，显著高于无远位效应出现的病人（8.3 个月）。一项荟萃分析总结了 2009—2017 年 6 月发表的 16 项研究，共纳入 461 例转移性恶性黑色素瘤病人，应用 Ipilimumab 联合放射治疗，多数病人采用大分割或立体定向放疗。其中 26.5%（10%~63%）的病人出现了远隔效应，中位 OS 为 19 个月（4~39 个月），大于 3 级毒副反应发生率为 18%（10%~20%），均可耐受，得出结论：放疗与免疫治疗联合作用于黑色素瘤病人，可提高其总体生存率。

三、问题与展望

免疫治疗与放疗联合在多种肿瘤中显示了可观的疗效，但也存在诸多问题亟待解决。

首先，疗效预测及获益人群筛选。免疫治疗的疗效预测存在一定的困难，例如其表达有肿瘤异质性、随治疗动态变化、检测标准不统一。表达阴性病人有部分治疗有效而表达阳性病人也有部分治疗无效。对获益人群的筛选应考虑到肿瘤的分型与分期，目前认为寡转移（转移灶小于 5 个）及局部晚期病人更能从放射治疗与免疫治疗的联合治疗中获益。

第二，优化放疗与免疫治疗药物的联合治疗方案。在临床实践中，放疗引导发生远隔效应并没有统一的剂量分割方案，联合治疗中既有 SBRT 大剂量低分割的照射方式，也不乏一些常规分割模式。单就放射线本身来讲，单次大剂量（8~20Gy）和大分割（8Gy×3 次）方案较常规分割方案更有助于激发抗肿瘤免疫应答。但这个论点还缺乏高级别的循证医学临床证据来支持。在联合治疗的方法和时机的选择上，还存在同步与序贯两种模式，在序贯方案中又涉及孰前孰后的问题。

第三，联合治疗不可避免会产生一定的毒性叠加。免疫治疗方面，PD-1/PD-L1 抑制剂不良反应相对较轻，但也会出现肝功能酶的异常、肺炎、肠炎、皮疹及内分泌疾病等免疫相关不良反应。在临床实践中，需要充分了解免疫治疗不良反应的特点，在充分发挥其联合治疗作用叠加的同时，尽量规避不良反应的叠加。

目前，已经开展了数十项前瞻性研究，随着这些研究结果的不断完成，许多临床需要解决的困惑可能会逐渐明确。但是，随着免疫靶向药物的出现，肿瘤放射治疗又打开了一扇新的大门，迎来了新的挑战，也驱使放射生物学在理论上要有新的发展。

第四节　热疗与放射治疗的联合

肿瘤热疗是一门利用热的生物效应治疗肿瘤的学科。通过各种加热技术和方法，使病人体内肿瘤病灶温度升高到有效治疗温度并维持一段时间，利用热杀伤效应及其继发效应治疗肿瘤。自 1985

年起热疗即被美国 FDA 认证为继手术、放疗、化疗、生物治疗之后的第五大肿瘤治疗手段。

一、放疗与热疗联合的生物学基础

（一）热敏感性

一般认为肿瘤细胞的热敏感性高于正常细胞，而且正常组织和肿瘤组织在血管结构和微循环上存在一定差异。正常组织血液循环良好、微循环毛细血管经常处于闭合状态，加温后毛细血管扩张、血流加速，可以将更多热量带走；而肿瘤内血管不完善、毛细血管常处于扩张状态，血液循环较差血流相对贫乏，且不受正常机体的调控作用，因此局部加热后肿瘤散热困难、热量蓄积，造成肿瘤内温度高于周围正常组织且肿瘤组织内温度高于其周边部位；加温后肿瘤组织与周围正常组织存在温度差异，保证了热疗在杀灭肿瘤细胞的同时对周围正常组织不会造成严重损伤。

（二）热疗的放射增敏作用

研究表明，温度超过 40℃就具有杀灭肿瘤细胞的作用，温度越高、加热时间越长，杀灭肿瘤细胞的作用越大。基础研究及临床研究均证实，加热温度达 41.5~43.5℃即具有显著的放射增敏作用。加热时肿瘤周围及肿瘤内血流量增加，肿瘤氧分压增高，改善了肿瘤的乏氧状态，增加了放疗的敏感性，达到放疗与热疗协同作用杀灭肿瘤。热疗在乏氧环境下可直接杀死肿瘤细胞，肿瘤体积较大时，血供差引起乏氧、无氧代谢增加，代谢产物不能及时清除，此时放疗联合化疗对肿瘤有更好的治疗效果。放疗容易杀灭的是肿瘤周边外带血供好的富氧肿瘤细胞，对放射线抵抗的乏氧细胞和 S 期细胞反而对热疗比较敏感，二者联合有相互补充杀灭肿瘤细胞的作用。热疗还可以抑制肿瘤细胞放射损伤的修复，主要是通过抑制 DNA 单链断裂的修复。热疗对肿瘤周边组织细胞的杀灭作用远不及它对肿瘤中央细胞的杀灭效果好，热疗失败的主要原因是肿瘤周边外带的局部复发，因此将热疗和放疗二者有机地结合，能够更好地发挥协同增敏作用。

二、放疗与热疗联合的临床应用

（一）头颈部肿瘤

RTOG 8104 研究显示，对于直径小于 3cm 的头颈部表浅肿瘤，放疗加热疗的 CR 率、局部控制率和远期生存率均优于单纯放疗。此后多个随机分组的研究证实，放疗加热疗对头颈部肿瘤疗效显著优于单纯放疗，并且不增加放疗的急性期和远期并发症。一项随机研究报道，头颈部肿瘤单纯放疗与放疗加热疗的 CR 率分别为 42.4%和 78.6%，并且联合热疗应用并没有增加并发症的发生率。2016 年一项报道包含 6 项研究的系统性综述结果显示，头颈部肿瘤单纯放疗的 CR 率为 39.6%，放疗加热疗 CR 率则为 62.5%，可见放疗联合应用热疗明显增加 CR 率，二者Ⅲ/Ⅳ级急性和晚期毒副反应发生率相似。

（二）胸部肿瘤

我国系食管癌的高发国家，食管癌治疗失败的主要原因是局部复发，放疗联合热疗可以提高局部控制率，有可能改善长期生存。有研究报道，食管癌放疗 40Gy 加腔内热疗每周 1~2 次与单纯外照射 60Gy 的完全缓解率（CR）分别为 46%和 24%、5 年总生产率（OS）分别为 26.9%和 16.7%、10 年 OS 分别为 17.3%和 7.5%，可见放疗联合腔内热疗可以提高食管癌局部控制率和长期生存率。一项对胸上中段食管鳞癌伴有淋巴结转移者的研究表明，采用调强放疗加同期化疗、同期锁骨上淋巴结局部加热疗，耐受性较好，3 年 OS 和 PFS 分别为 42.5%和 34.9%。日本多项临床研究显示，食管癌术前放化疗加热疗的疗效优于单纯术前放化疗，并且认为化疗方案中采用顺铂的疗效最佳。

非小细胞肺癌放疗加热疗也有相关报道。一项报道 103 例不可切除晚期非小细胞肺癌，放疗加化疗与放疗加化疗再加热疗的平均生存时间分别为 9.6 个月和 13.4 个月。一项国内报道显示，不可切除晚期非小细胞肺癌热疗加放疗与单纯放疗的有效率分别为 91.2%和 82.4%，3 年局控率分别为 7.8%和 5.9%、3 年总生存率分别为 11.8%和 8.8%，可见联合应用热疗明显提高了疗效，而且热疗联合放疗的急性期和远期并发症发生率均明显低于单纯放疗组。

笔记

（三）乳腺癌

一项多中心随机研究报道显示，306 例局部晚期或转移性乳腺癌单纯放疗和放疗加热疗的 CR 率分别为 41%和 59%，2 年局控率分别为 30%和 50%，总生存率两组比较未见明显差别。荷兰一项研究报道 134 例复发性乳腺癌采用热疗加放疗，CR 率达 73%，中位局控时间为 32 个月。2013 年再次报道了该研究的更新结果，共 198 例复发性乳腺癌，放疗加热疗 3 年、5 年局控率分别为 83%和 78%。

（四）恶性黑色素瘤

位于体表的黑色素瘤接受热疗操作更方便，放疗与热疗联合可以提高局部控制率、改善预后。一项在 1986 年的报道表明，26 例复发或转移性黑色素瘤采用大分割放疗加热疗、单纯大分割放疗的 CR 率分别为 83%（15/18）、38%（3/8），但单纯热疗无效。一项随机分组的临床研究发现，单纯大分割放疗组和放疗加热疗组相比较，二组的 CR 率分别为 35%和 62%，2 年局控率分别为 28%和 46%，并且发现热疗效果与放疗总剂量和肿瘤体积大小相关。一组 15 例转移性恶性黑色素瘤病人采用同期放化疗加热疗，结果 5 例完全消退、6 例部分消退、2 例稳定、2 例进展，治疗耐受性较好。

（五）软组织肉瘤

肢体软组织肉瘤放疗加热疗取得了肯定的疗效。美国杜克大学报道 97 例高度恶性软组织肉瘤（78 例肢体软组织肉瘤），经放疗加热疗后 4~6 周进行了手术切除，其 10 年生存率为 50%，10 年无瘤生存率 47%，其中肢体软组织肉瘤的 10 年局控率达 94%，78 例中 63 例还保留了肢体功能，其他部位软组织肉瘤的局控率为 63%。一项相关软组织肉瘤的综述报道发现，在高级别软组织肉瘤术前或术后放化疗基础上联合热疗能明显地提高局部控制率和无病生存率，软组织肉瘤术前放化疗加热疗可以有效地减少手术创伤程度和范围。

综上所述，热疗与放射治疗在肿瘤治疗上有天然的互补和协同作用，而且，在临床实践上有许多项临床研究也证实二者之间的协同作用。

本章小结

肿瘤的治疗目前已进入综合治疗时代，临床实践证明现阶段采用任何单一的治疗方法都常难以取得最佳疗效。但综合治疗不是将手术、放疗、化疗、免疫治疗、靶向治疗等简单地排列组合，而是根据病人的机体情况、肿瘤的病理类型、侵犯范围（病期）和发展趋势，有计划、有步骤、有顺序地个体化治疗集合体，以期较大幅度地提高肿瘤治愈率、延长生存期、提高病人生活质量，以取得最佳的治疗效果。

病例讨论

病人，女，65 岁，主因右腕部疼痛 2 周入院。胸部强化 CT 提示：右肺上叶占位，纵隔多发肿大淋巴结，考虑肺癌可能性大；骨扫描：右腕部骨质破坏，胸椎、腰椎多发异常放射性浓聚，考虑多发骨转移癌；头颅强化 MRI 提示：颅内多发占位，考虑多发脑转移。右肺上叶肿物穿刺病理提示：腺癌。其他情况正常。

问题：

1. 应进一步做什么检查？
2. 若 EGFR 基因检测为 19 号基因突变，应给予何种治疗？

0905

病例讨论

（祝淑钗　巩合义）

笔记

扫一扫，测一测

思考题

1. 放射线和化疗药物相互作用表现为哪几种形式？
2. 简述放疗对免疫功能的影响。
3. 简述热疗的放射增敏作用。

第十章 放射生物学的探讨和未来的发展

学习目标

1. 掌握：RIC 的诊断。
2. 熟悉：辐射后第二肿瘤发生的可能性；高 LET 射线的生物学特点。
3. 了解：生物特性的肿瘤靶区。

第一节 辐射后第二肿瘤发生

一、辐射后第二肿瘤发生的可能性

电离辐射是一种弱致癌性因素，在对原发疾病的临床治疗中，对正常器官、组织额外的照射，或遗传学因素和医源性因素相互关联，则可能导致辐射诱发恶性肿瘤（radiation induced carcinogenesis，RIC）。虽然无论动物实验还是临床医疗，真正诱导发生的第二肿瘤发病率相对较低，但是，电离辐射导致恶性肿瘤或白血病发生的流行病学证据、原子弹爆炸后幸存者日后发生的种种不幸，以及辐射职业暴露的工作人群表现出较高的肿瘤发生率等，均佐证了 RIC 的危害性。RIC 潜伏期相对较长，诊断需参考照射后的间隔时间，如甲状腺癌超过 15 年，皮肤癌 25 年，头颈部癌 20～25 年，乳腺癌 15 年，肉瘤 10～20 年等。相对而言，一般情况下，放疗预后较好的肿瘤容易出现，例如，青少年女性霍奇金淋巴瘤（Hodgkin's lymphoma，HL）病人放疗后的长期生存，相对普遍人群的自然发生乳腺癌，其 RIC 乳腺癌的危险较高；睾丸肿瘤的病人中放疗可能诱发胃肠道和泌尿系统的恶性肿瘤；放疗过程中如果较多的骨或结缔组织受到非目的性的照射，则放射相关的骨肉瘤和软组织肉瘤的发病率增加。

（一）RIC 发生的机制

恶性肿瘤发生的机制不是单一的，同样，放射作为一种潜伏期很长的弱致癌因素，其直接导致 RIC 的机制并不十分明确。恶性肿瘤发生的生物学基础包括遗传缺陷造成的易感性背景、等位基因杂合性的丧失、染色体畸变或 DNA 突变等恶性转化的启动因素，以及宿主的生理病理性内在因素，如免疫状态和激素环境的促进因素，形成一个多因素、多步骤的复杂转化过程。目前对 RIC 发生机制的共识主要是认为电离辐射作为动因，诱发了染色体的易位或缺失，导致了某些重要基因的激活或失能，从而破坏了细胞正常复制过程的启动程序。放射作为动因或者通过功能表现性突变释放基因的活性，使原癌基因转化为癌基因；或者通过功能丧失性突变降低抑癌基因的活性，最终造成细胞功能调控失常，阻抑分化，异常增殖，形成肿瘤。RIC 发生机制主要是辐射诱导的抑癌基因的失能及原癌基因的激活。抑癌基因和细胞程序性死亡的存在意义在于调控或阻抑细胞周期的进程，使 DNA 被损伤了的细胞发生凋亡，而放射诱导的突变可能使细胞不启动死亡程序，使细胞永生化，端粒酶的活性异常增强，维持染色体端粒不随细胞的每一次复制而缩减。

RIC 的发生也需要考虑宿主其他致癌因素的暴露情况。如果病人同时还暴露于其他的致癌因素，而未予充分的考虑，则 RIC 的危险度会变得十分模糊。实际上，基因型携带的倾向性、外科治疗的方式、同期使用的化疗药物、治疗后机体的免疫抑制程度以及病人职业或生活方式中隐藏的某些因素，均可能放大 RIC 的危险度，影响 RIC 的诊断。

放疗的相关物理学因素在 RIC 发展中起到很大的作用。对于低线性能量传递(linear energy transfer，LET)射线的照射，当处于低照射剂量水平时，RIC 的诱导效应会表现得较为明显，随着每单位照射剂量的增加，RIC 危险度上升，细胞发生恶性转化的概率与给予剂量的平方成比例。然而，随照射剂量持续的累积，射线的杀灭效应趋于主导，有潜在转化可能的细胞数量明显减少，因此 RIC 的危险度由低水平上升达一定高度后，再随总剂量的增加而下降。已有临床报道，只接受几个戈瑞的照射可能诱发甲状腺癌、乳腺癌。在临床放疗中，当给予女性 HL 病人斗篷野(MF)照射时，乳房会受到直接的照射，即使是通过铅门遮挡，铅门外仍会受到相当于 3%~5%的治疗剂量照射；保留乳房的手术或乳房切除术后辅助以放疗时，对侧乳房可能受到 5%~10%治疗剂量的照射；同样，部分的肺脏也暴露于电离辐射。有报告认为乳腺癌放疗后对侧乳房发生 RIC 乳腺癌的相对危险度(RR)为 3.0~5.8。同样，较大体积的照射，即便照射剂量不高，比如全身照射(total body irradiation，TBI)、半身照射(half body irradiation，HBI)和全淋巴照射(total nodes irradiation，TNI)等，由于正常器官受到额外的照射较多，将来发生 RIC 的风险也较高。但是，影响 RIC 发生的因素较多，已知有受照射时的年龄、照射剂量和照射后的时间等多种宿主因素，其他独立或协同作用的物理因素，如剂量率、分割方式等对 RIC 的影响尚不明确。

(二)常见的辐射后第二肿瘤

电离辐射几乎可致所有受到照射的组织发生转化，可诱导发生几乎所有类型的肿瘤，最常见的是发生于结缔组织的肉瘤，上皮型癌肿则以乳腺癌及肺癌常见，诱发实体肿瘤的危险性约为诱发白血病的 5 倍。

另外，皮肤受到照射后可能诱发皮肤癌，基底细胞癌或鳞状细胞癌均有可能，在相对低剂量照射后最常发生的组织类型是基底细胞癌。其他上皮组织在受到照射后有同样的危险，如纵隔在受到照射后可发生食管鳞癌。脑组织在受到照射后亦有放射相关脑肿瘤发生的报道，最常见的为脑脊膜瘤和高分级的星形细胞瘤。在垂体瘤的放疗中，当成年病人采用小野、常规剂量治疗时，发生 RIC 的概率低，但如果病人年龄小，大野高剂量照射，发生 RIC 的危险性会增加，且潜伏期较短。相对发病率较高的乳腺癌，自然发生的乳腺癌位于中央区的约占 20%，而 RIC 乳腺癌 40%~50%位于中央区；自然发生的乳腺癌双侧同时及双侧先后罹病的概率为 0.3%~3%、7%~12%，而 HL 放疗后发生 RIC 乳腺癌分别为 21%、29%。电离辐射诱发的肉瘤最常见的组织学类型为分化不良的骨肉瘤或恶性纤维组织细胞瘤，组织学多为高分级的肉瘤，病理类型包括梭形细胞肉瘤、纤维肉瘤、横纹肌肉瘤、滑膜肉瘤、血管肉瘤、软骨肉瘤和骨髓纤维肉瘤等。

二、儿童及青少年放射诱导的第二肿瘤

如前文所述，RIC 的发生率、肿瘤类型、潜伏期和临床转归亦与受照射时病人的年龄相关。HL 放疗导致 RIC 乳腺癌发生的危险约为普通人群的 75 倍，尤其当病人处于青春期时风险更高，有报告女童 HL 治疗后，继发性乳腺癌的累积发生率高达 12.5%。在儿童髓母细胞瘤、横纹肌肉瘤、HL 和急性淋巴母细胞型白血病的治疗中，颈部受到照射后，青少年比幼儿更易于诱发甲状腺癌。文献报道，儿童急性淋巴母细胞型白血病在接受脑预防照射后，RIC 的相对危险度为 21.7，年龄<6 岁是重要的危险因素。

年龄因素事实上还包含有下述的生物学含义：即机体某些器官和组织需要顺应不同生理阶段的内分泌环境而增殖和分化，但也因此成为了相应组织发生转化和癌变在不同阶段的差异性的依据，例如乳腺组织，乳腺导管和滤泡上皮细胞在青春期因雌激素而有活跃的增殖和分化，在发育成熟期和妊娠期，因雌激素和孕激素的共同作用而有更强的增殖和分化能力，处于对卵巢激素最为敏感的阶段，

也处于潜在恶性转化的最大可能阶段。

考虑到肿瘤自身的生长规律及放疗敏感性，同时也受尚处于发育阶段的正常组织和器官的影响，儿童及青少年病人的放疗剂量一般要低于成年病人。儿童及青少年 RIC 的诱发与照射剂量有一定相关性，动物实验和儿童骨肉瘤放疗后随访结果均显示高剂量照射是高危因素的结论。据临床报告，9 170 例各种类型的癌症病人，在接受放疗 2 年后，其中 64 例发生了骨肉瘤（0.7%），分析认为照射剂量<10Gy 者的 RR 为 0.6，而>60Gy 者 RR 为 38.3，表现了明确的剂量相关性。

一部分儿童及青少年病人放疗的同时接受了化疗，而化疗药物诱发第二肿瘤的概率也很大，需要与电离辐射加以区分。早期报道的肾母细胞瘤患儿治疗后 10 年累积发生第二恶性肿瘤的概率是 1%，近来更新的研究结果显示第二恶性肿瘤发生的概率明显增加，预期相对危险度为 8.4。结果显示，患儿接受阿霉素化疗同时采用高剂量放疗时相对危险性最高；长期随访后发现，在长期存活的肾母细胞瘤患儿中有发生急性髓细胞白血病的危险性，这可能与使用烷化剂和腹部放疗有关。

三、RIC 的诊断标准

1. RIC 发生在曾接受照射的区域，在照射前组织病理学和/或临床影像学均无肉瘤的证据，以尽可能排除与放疗无关诱因所导致的自发性肉瘤。
2. RIC 必须有组织病理学的证实，明确有与原治疗肿瘤具有不同的病理诊断。
3. RIC 发生于 5%等剂量线范围以内。
4. 一般潜伏期较长（10~20 年），但亦有<2 年的。

RIC 的预后非常差，组织学的高分级导致局部的侵袭性更强。治疗依然首选外科根治性切除术；由于原放疗导致的纤维化，化疗的疗效不满意；也可选择放疗联合手术，但再程放疗会受到曾接受照射的正常组织耐受量的限制。

第二节　高线性能量传递射线的生物学效应

一、高线性能量传递射线的特性

各种类型的电离辐射作用于生物体，通过产生电离和激发的形式传递能量，可通过 LET 的定量描述以区分放射源的类型。LET 是指射线路径上的次级粒子在其单位径迹长度上转换给介质的能量，即带电粒子在介质中穿行的单位路程由于碰撞所造成的能量损失，常用单位是 keV/μm。

相对生物学效应（RBE）是指产生同样的生物学效应时，被检测的射线的放射剂量与参考射线的放射剂量之比。RBE 没有一个固定的值，它的大小取决于 LET、照射剂量、分割次数、剂量率以及被实验的生物对象。一般采用 250keV X 射线作为参照射线。对大多数生物系统来说，RBE 会随着 LET 的增加而升高，至 100keV/μm 达最大值。

根据 LET 的大小把射线分为高 LET 射线、低 LET 射线。临床常用的光子线、γ 射线均是低 LET 射线，LET<10keV/μm。高 LET 则包括了质子、快中子以及碳、氦、氮、氖等重粒子，LET 一般>100keV/μm。严格意义上，质子的 LET<10keV/μm，RBE≈1.1，不属于高 LET 射线范围，但是其物理特点与高 LET 射线相似，仍可以将其列入高 LET 射线；中子并非带电粒子，与其他高 LET 射线不同，其物理特点不同，但是生物学效应类似，故也将其列入高 LET 范畴。从临床实践的需求来说，最适合临床放疗的重粒子是碳离子。

（一）高 LET 射线的生物学特点

细胞对高 LET 射线与低 LET 射线的放射敏感度是不同的。首先，低 LET 射线的生物效应以电离辐射的间接作用为主，依靠产生的自由基造成靶分子（通常是 DNA）损伤，照射时需要氧与自由基起反应将放射损伤固定下来；而高 LET 辐射主要通过直接作用的方式作用于生物大分子，氧增强比小，氧浓度依赖小，因此能在一定程度上减少乏氧带来的放射抵抗。其次，高 LET 射线受细胞周期放射敏感性的影响小，特别是 G_0 期细胞对高 LET 射线的抵抗性较小。所以高 LET 照射后，发生细胞致死损伤的概率比发生潜在损伤和亚致死性损伤的概率高，损伤修复差。高 LET 射线可以有效地克服放疗中乏氧细胞和 G_0 期细胞对放射不敏感。

高 LET 治疗，其 RBE 相对较高。LET>10keV/μm，RBE 增加较快，当 LET 介于 10～100keV/μm，RBE 随着 LET 增加而迅速上升；LET 增加到约 100keV/μm 时，RBE 达到最大；但是如果>100keV/μm，由于射线“超杀”作用，RBE 反而会下降。

高 LET 射线可诱导复杂 DNA 损伤。辐射致 DNA 损伤有单一位点损伤、多位点损伤即集簇性损伤，后者又分为双链断裂(DSB)-集簇性损伤和非 DSB-氧化性集簇性损伤。与光子线相比，高 LET 辐射能产生更多更复杂的集簇性 DNA 损伤。近年来研究表明，高 LET 射线诱发的 DNA 集簇性损伤，特别是 DSB-集簇性损伤比低 LET 射线诱发的单一位点 DSB 损伤的修复更为困难，甚至不能修复，更易造成染色体畸变、细胞死亡和癌变的严重后果。

高 LET 可有效地治疗放疗敏感性低和放射抵抗的肿瘤，其辐射导致的 DSB-集簇性损伤能减少肿瘤细胞杀灭中的 β 成分，降低低 α/β 值肿瘤的放射抵抗。另外，在 DNA 损伤诱导的细胞凋亡中起关键作用的抑癌基因 p53 如果出现功能缺失，肿瘤细胞在放疗后因不能启动凋亡程序导致细胞存活增加，产生放射抵抗。而高 LET 辐射不仅能诱导 p53 依赖性细胞凋亡，也能诱导不依赖 p53 的细胞凋亡，因此能削弱 p53 突变带来的放射抵抗，且这一效应呈 LET 依赖性，机制尚不完全清楚。许多研究也表明还原型谷胱甘肽水平与细胞氧化性 DNA 损伤性质和损伤修复能力有关，内源性还原型谷胱甘肽水平高的肿瘤细胞对 X 线所致 DNA 损伤具有更高的修复能力，但对高 LET 辐射后的 DNA 损伤修复影响不大。

（二）高 LET 射线的物理学特点

高 LET 射线除中子外，在深度剂量曲线上均有一个较高的电离吸收峰，叫布拉格(Bragg)峰(图 10-1)，峰的前后剂量锐减，即射线剂量大部分损失在峰区，峰区前后的组织剂量很低，峰的位置及体积可以调节，可以获得三维适形照射的剂量分布，且横向散射小。

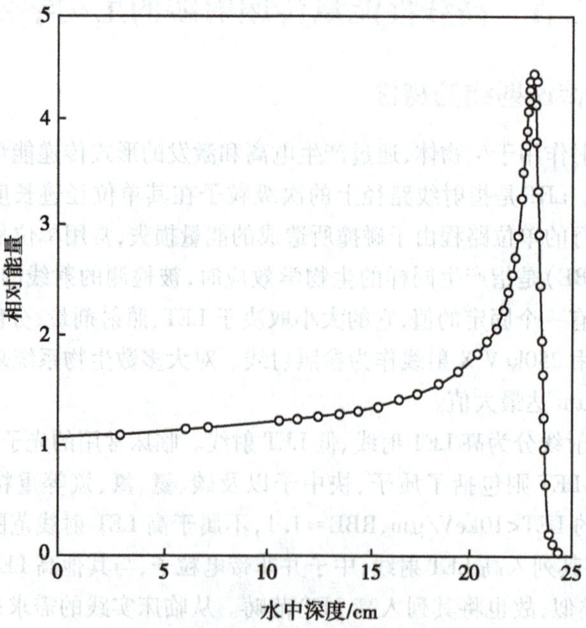

图 10-1　Bragg 峰型剂量曲线

187MeV 质子射线在水中的剂量分布。

RBE 加上剂量分布的优势使高 LET 治疗优点更加突出，特别是峰区的 RBE 高于坪区。在 Bragg 峰剂量杀灭肿瘤的效应是光子放疗的 2～3 倍。但是快中子具有较高 RBE 而无 Bragg 峰，相反，质子的剂量分布优势大而无生物学优势，碳离子则具有上述两种优势(图 10-2)。

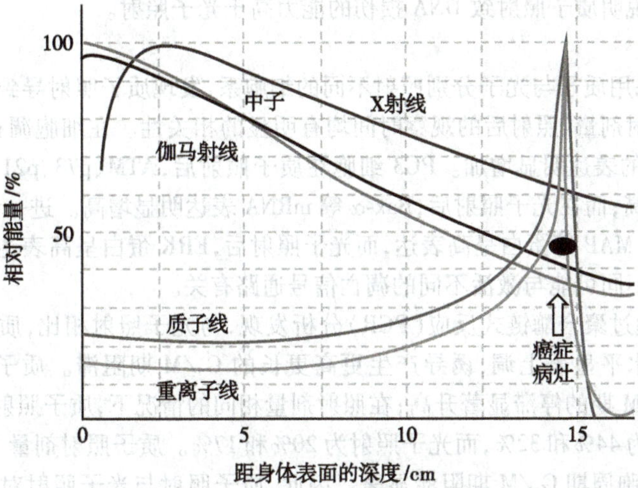

图 10-2 常见射线剂量曲线

二、质子的生物学特性和临床应用

质子理论上属于低 LET 射线，但又具有高 LET 射线 Bragg 峰的物理学特性，为方便比较质子和碳离子，将其一并进行讨论。

质子的生物效应略高于光子，若以光子的生物效应为 1.00，则质子平坦区的 RBE 为 1.05~1.13，一般简化为 1.10，所以制订临床放疗方案时，借助光子放疗剂量及分割模式，可以较容易地转化为质子放疗方案。自 1954 年美国加利福尼亚大学 Berkeley 实验室进行世界上第一例质子治疗至今，质子放疗逐渐发展成熟，应用范围日益拓宽，所以近年来质子治疗也获得了重大进展。但是质子杀灭肿瘤仍较强地依赖于氧效应，OER 一般为 2.5~3.0，对乏氧细胞的杀伤力较低，但在物理学方面显著优于光子。

（一）质子与光子生物学特征的区别

1. 分子水平

（1）活性氧：比较在不同的细胞系及不同剂量下，质子和光子照射后活性氧产生的区别，发现接受质子照射后的肿瘤干细胞样细胞会产生更高水平的活性氧，质子照射产生的活性氧能诱导更强的 DNA 损伤，这也是质子比光子具有更高的细胞杀伤效果的原因之一。

（2）复杂性 DNA 损伤与修复：质子照射诱导 DNA 损伤的机制类似于光子，即能量直接沉积于 DNA 分子或诱导 DNA 分子周围水分子的分解。DNA 损伤主要是碱基损伤和链断裂，链断裂包括单链断裂和双链断裂。双链断裂的修复比较困难且链断裂的数量与质子照射的能量有关，照射能量越高，DNA 损伤越大。DNA 损伤还包括集簇性损伤，可导致细胞死亡和突变，修复时间长且十分困难。与光子照射相比，质子照射诱导产生的双链断裂和集簇性损伤数量庞大。即使在相同的情况下，质子照射和光子照射导致的 DNA 损伤的修复途径也不相同，质子照射导致的 DNA 损伤的修复途径以同源重组为主，而光子照射以非同源末端连接为主。

（3）DNA 甲基化：DNA 甲基化是一种表观遗传机制，甲基化水平的改变可调节基因的表达，从而使后代表现出表观遗传方面的变化，因此又被称为表观遗传现象。采用质子束照射乳腺癌细胞系 MCF-7 和正常细胞系 MCF-10A，两种细胞系均发生超甲基化改变。光子照射可降低细胞的 DNA 甲基化水平，导致低甲基化改变。同时，基因组的不稳定性与 DNA 低甲基化水平有关，这可能是光子照射更易导致 DNA 突变和诱发第二肿瘤的原因之一。

（4）修复蛋白的表达：质子照射或光子照射均可导致 DNA 的双链断裂，早期磷酸化组蛋白 H2AX（γ-H2AX）的形成标志着 DNA 损伤修复开始，而且磷酸化组蛋白 p53 结合蛋白 1（53BP1）也是 DNA 损伤修复的指标之一。有研究采用质子照射不同细胞系 0.5h 后，分别在扩展的 Bragg 峰的不同位置检测 γ-H2AX 的数量，发现并无明显差异，但 24h 后在扩展的 Bragg 峰远侧端检测到更多的 γ-H2AX。近期的研究结果表明，与光子照射相比，质子照射检测到的 γ-H2AX 数量不仅明显增多，而且 γ-H2AX 形

笔记

成的焦点也更大。这说明质子照射致DNA损伤的能力高于光子照射。

2. 细胞水平

(1) 细胞凋亡:采用质子与光子分别照射不同的细胞系,发现质子照射导致更高水平的细胞凋亡且凋亡细胞比率与照射剂量、照射后的观察时间均有明显的相关性。在细胞凋亡的过程中,可观察到mRNAs在质子照射后的表达明显增加。PC3细胞在质子照射后,ATM、p73、p21、SOD2及Bcl-2/Bax-α等mRNA表达明显增高;而在光子照射后,Bax-α等mRNA表达明显增高。进一步的研究结果证实,质子照射后,p38、JNK和MAP等蛋白呈高表达,而光子照射后,ERK蛋白呈高表达。质子照射与光子照射后细胞凋亡水平的不同可能与激活不同的凋亡信号通路有关。

(2) 细胞周期:通过聚合酶链式反应(PCR)分析发现,与光子照射相比,质子照射引起的细胞周期阻滞相关基因表达水平显著上调,诱导产生更高更长的G_2/M期阻滞。质子照射与光子照射24h后,质子照射在$S+G_2/M$期的停滞显著升高;在照射剂量相同的情况下,质子照射在48h和72h后引起的细胞周期停滞分别为44%和32%,而光子照射为20%和17%。质子照射剂量10Gy分别照射PC3细胞和CA301D细胞,细胞周期G_2/M期阻滞显著。因此,质子照射与光子照射对细胞周期的调控是不同的,这可能是导致肿瘤细胞生长不同程度上受抑制的原因之一。

(二) 质子的临床应用

美国放射学会(ACR)、美国放射肿瘤学协会(ASTRO)和放射肿瘤学委员会2018年联合发布了《ACR-ASTRO质子治疗实践指南》,质子放疗的病种包含了中枢神经系统肿瘤、眼部肿瘤、鼻咽癌、头颈部鳞癌、肺癌、食管癌、乳腺癌、肝癌、前列腺癌、骨肿瘤等全身各系统肿瘤。质子治疗儿童实体肿瘤的优势非常明显,指南也对合理化治疗进行了详细的描述。

1. 颅底脊索瘤　脊索瘤起源于胚胎残留的脊索组织,以颅底蝶枕部和骶尾部为最多见。脊索瘤对放射线不敏感,常规光子放疗通常只起到姑息性治疗的作用。德国医学家对290例颅底脊索瘤病人进行了质子治疗(83GyE)(E代表等效生物剂量),其5、10年无局部复发生存率分别为73%和54%,5、10年生存率分别为80%和54%。

2. 胸部肿瘤　质子放疗可以显著降低食管癌和肺癌心脏剂量,但质子适形放疗比光子IMRT有较高的肺V20、V30,美国的一项研究对比了92例光子IMRT与57例质子放疗的肺癌病人,结果显示质子放疗并没有降低≥3级放射性肺炎的发生率。其他研究也提示质子放疗在肺癌中并未显示剂量学优势,但是由于既往采用的均为散射束放疗,可能结果并不完全准确。目前多采用笔形束照射,也就是可以做质子调强放疗,需要进一步积累临床数据以进行评估。

3. 肝细胞癌　原发性肝细胞癌是对放疗较为敏感的肿瘤,由于很多肝癌病人常合并肝硬化,正常肝组织耐受较差,如果受照体积过大会造成放射性肝损伤。IMRT、断层调强放疗(tomotherapy)和射波刀在放疗肝癌上取得了一定的疗效。质子的Bragg峰特性可保证一部分正常肝脏免于照射,避免较严重的放射性肝损伤。日本学者做了一项质子放疗和IMRT剂量学研究,探讨质子放疗原发性肝细胞癌的最合适体积,结果显示,当GTV的直径>6.3cm时,IMRT平均急性肝损伤的风险为94.5%,质子为6.2%。作者认为直径大于6.3cm的肝细胞癌适合行质子放疗。

4. 前列腺癌　前列腺紧邻直肠和膀胱,放疗计划设定时需要对直肠和膀胱充分保护。回顾性及前瞻性研究均已显示质子放疗对膀胱和直肠的有效保护,但是光子治疗的断层调强放疗同样也能较好地保护危及器官。NCCN指南将质子作为前列腺癌放疗的推荐治疗技术,也在开展一项比较质子放疗和光子调强放疗的前瞻性随机研究,以对比二者疗效和长期毒性。但是当质子放疗的技术、物理和临床经验足够丰富时,常规分割的质子放疗可作为前列腺癌光子放疗的替代方式。

知识拓展

SEER数据库

美国国立癌症研究所监测、流行病学和结果数据库(Surveillance, Epidemiology and End Results, SEER)是美国最大的一个癌症数据库,由美国国立癌症研究所(National Cancer Institute, NCI)于1973年建立,收集了大量循证医学的相关数据,为临床医师的循证实践及临床医学研究提供了系统的证据支持和宝贵的第一手资料。

笔记

5. 儿童实体肿瘤　接受过放疗的儿童长期存活病例，有较高的风险出现成长异常、组织晚反应、RIC等。质子放疗可有效减少正常器官的受照剂量，避免额外的低剂量照射。哈佛大学一项回顾性研究总结行质子治疗的558例患儿，并以SEER数据库中的558例接受光子放疗的患儿作配对，显示质子治疗后有更低的第二原发癌发生率（4.2% vs. 7.5%）。

髓母细胞瘤是儿童最常见的恶性脑肿瘤，全中枢放疗涉及的危及器官较多，常见的迟发性后遗症包括认知缺陷、体貌改变、内分泌功能障碍、听力损失、智商下降等。美国一项研究对儿童髓母细胞瘤接受质子和光子放疗的病例进行了回顾性分析发现，接受质子放疗的患儿在随访期间有肺疾病、运动能力降低、心电图异常、成长异常、智商下降、智商小于90的风险均显著低于接受光子放疗的患儿。美国麻省总医院（MGH）进行的一项非随机、开放、单中心、Ⅱ期试验显示，59例髓母细胞瘤患儿的5年生存率为83%，3~4级听力损失3年累积发生率为12%，5年为16%；智商每年平均下降1.5，而光子治疗后智商每年平均下降2.6~5.8。NCCN指南认为，髓母细胞瘤和幕上原始神经外胚层肿瘤质子放疗的毒性较低，推荐全脑全脊髓放疗选择质子。

质子在儿童其他实体肿瘤治疗方面也优于光子。美国一项研究回顾性分析了79例室管膜瘤患儿，41例行质子放疗，38例行光子IMRT。结果显示质子的3年PFS优于IMRT，分别为82%和60%（P=0.031）。儿童霍奇金淋巴瘤应用质子放疗，可减少胸部放疗对女童乳房发育和心脏发育的影响。

6. 眼部肿瘤　视网膜母细胞瘤是一种来源于光感受器前体细胞的恶性肿瘤，常见于3岁以下儿童，目前手术摘除眼球是主要治疗手段之一。由于视网膜母细胞瘤对放射线较敏感，但是光子线照射无法达到对视力的有效保护，质子的物理学优势使保留眼球成为可能。美国一项研究报道了49例（60个眼睛）的视网膜母细胞瘤病人进行质子治疗的临床疗效，中位随访8年，没有患儿由于视网膜母细胞瘤进展或转移而死亡，质子治疗后的眼球摘除率很低（18%），特别是早期病人（A~B期11% vs. C~D期23%），眼科随访显示61%的患儿保留了眼球，而且没有患儿发生照射野内的RIC。MGH总结了86例儿童视网膜母细胞瘤病人的初步数据，发现质子治疗与光子放疗相比，放疗相关的或原位出现的RIC的10年发病率有显著差异（0% vs. 14%），所有RIC的10年发病率也不同（5% vs. 14%）。

总而言之，质子是介于光子和碳离子之间，容易掌握又具有物理优势的治疗射线，在某些肿瘤的放疗上显示了临床优势，但是由于目前质子治疗的费用比较昂贵，还有许多临床问题仍需进一步的研究。

三、碳离子的生物学特性及临床应用

（一）碳离子的生物学特性

常规放疗肿瘤时，因稀疏电离辐射类型的光子线照射在整个辐照区域，对组织损伤是随机断裂DNA单链，这种作用几乎全部能被细胞修复。只有当剂量足够高，出现足够密集单链断裂而形成双链断裂使损伤不能被修复时，才能杀死肿瘤细胞。但是碳离子对组织的损伤并不是随机的，在射线穿行途中碳离子自身能量很大，沉积能量很小（LET小），RBE小；在肿瘤位置（Bragg峰区）碳离子自身能量最小，沉积能量最大（LET大），RBE大，因而对肿瘤组织的杀伤力大（具有靶向治疗的作用），在Bragg峰区密集电离产生大量不能被修复的DNA双链断裂群，直接杀死肿瘤细胞。碳离子的生物学优势包括：①在Bragg峰区具有明显更高的RBE，对肿瘤具有明显更好的杀灭作用；②碳离子束OER较小，接近1，对乏氧细胞的再氧合依赖性较弱，能更好地杀灭乏氧细胞；③碳离子基本不受细胞周期影响，细胞的损伤修复、细胞增殖周期及细胞加速再增殖的影响较小。

碳离子与质子有很大区别：质子只损伤肿瘤细胞DNA分子的单链，而不是使DNA分子双链同时遭受损伤，这样肿瘤细胞就有可能修复或再生；而碳离子对DNA分子造成的损伤更密集、更严重，使DNA分子的双链都遭受致命损伤，这样肿瘤细胞无法修复或再生。相对于质子，碳离子照射后细胞没有亚致死性损伤，因此也没有亚致死性损伤修复。另外，质子LET相对较低，RBE也基本与光子相同，对放射抵抗肿瘤细胞、乏氧细胞的治疗效果并不很理想；而碳离子RBE高，对放射抵抗型肿瘤细胞、乏氧细胞具有同样的治疗效果。所以质子放疗的剂量、分割模式与光子类似，而碳离子放疗的单次剂量相对较高，次数也可以显著减少。另外，质子回旋加速器只能产生质子，不能产生碳离子；而碳离子治疗技术既能产生质子束，又能产生碳离子束。但是，碳离子回旋加速器对场地和技术的要求较高，在

笔记

目前只能作为临床研究的用途，且目前只有少数国家如德国、日本、中国等有几台碳离子治疗设备，大规模的临床使用有待于将来科学技术的进一步发展。

（二）碳离子的临床应用

碳离子兼有高 LET 射线的生物学优势和物理学特性，具有更高的 RBE 和更低的 OER，在提高治疗安全性的同时，有可能进一步提高肿瘤杀伤效应，尤其是对光子线放疗敏感性差的肿瘤具有非常显著的疗效。

1. 头颈部腺样囊性癌　头颈部腺样囊性癌是一种多发于小涎腺、进展缓慢的恶性肿瘤，易沿神经向周围广泛侵犯和远处转移到肺，手术联合术后放疗是其主要治疗策略，5 年局部控制率和总生存率分别为 94% 和 78%。由于腺样囊性癌对常规光子放射敏感性较差，一旦肿瘤不能完全切除或不能手术，则疗效明显降低，5 年局部控制率和总生存率仅为 56% 和 57%。日本回顾性分析了 2002 年 2 月至 2012 年 3 月治疗的 80 例腺样囊性癌病人，质子和碳离子治疗均为 40 例，中位随访 38 个月（6~115 个月），5 年总生存率、无进展生存率、局部控制率分别为 63%、39%、75%，质子和碳离子的疗效相当。德国的一项Ⅱ期临床研究，在 2010 年 7 月至 2011 年 8 月，54 例术后残留的恶性涎腺肿瘤病人接受 IMRT 联合碳离子放疗，其中 89% 为腺样囊性癌，在治疗结束 6~8 周第 1 次随访时的客观缓解率为 54%（PR+CR），3 年局部控制率、无进展生存率和总生存率分别为 81.9%、57.9% 和 78.4%，优于单纯光子治疗。中国上海 2016 年报道了 8 例初治的头颈部腺样囊性癌病人，采用 30~250MeV 质子射线和 85~430MeV 碳离子射线混合照射，放疗结束时和结束后 1 个月，5 例有明确病灶者中 3 例部分缓解（PR），2 例疾病稳定（SD）；4 例放疗结束后 3 个月时，有 2 例完全缓解（CR），1 例 PR，1 例 SD。

2. 皮肤恶性黑色素瘤　一般认为恶性黑色素瘤对常规低 LET 射线敏感性低，这主要是由于恶性黑色素瘤细胞受照后存活曲线的肩段较宽，表明该细胞受照射后亚致死性损伤的修复能力强，因此它具有较低的 α/β 值，其生物学特性类似增殖缓慢的晚反应组织。由于恶性黑色素瘤增殖缓慢，放疗需要采用较大的分次剂量，以增强生物效应，临床结果也显示大分割对肿瘤细胞的杀灭强于常规分割。RTOG 8305 前瞻性随机研究比较了 8Gy 每周 1 次共 4 次和 2.5Gy 每周 5 次共 20 次的结果，发现两组 CR 分别为 24%、35%，PR 分别为 23%、34%，3 级以上并发症分别为 6 例、4 例，两组疗效与并发症相似。中国科学院近代物理研究所 2010 年报道了 13 例皮肤恶性黑色素瘤病人碳离子放疗的结果，显示 CR 77%，PR 23%，中位生存时间 21.3 个月，放疗急性皮肤反应以 0~1 级为主。

3. 颅底脊索瘤　德国对 155 例颅底脊索瘤术后病人采用碳离子照射（60GyE），其 3、5、10 年局部控制率分别为 82%、72%、54%，3、5、10 年生存率分别为 95%、85%、75%，无严重不良反应。

随着对碳离子肿瘤治疗技术的深入研究，肿瘤治疗的适应证也日趋广泛。大致可分成 6 大类：中枢神经系统肿瘤、眼部肿瘤、头颈部肿瘤、胸部肿瘤、腹部肿瘤、盆腔肿瘤，具体包括神经胶质瘤、恶性黑色素癌、腺样囊性癌、早期和局部晚期非小细胞肺癌、胆囊癌、不能手术的晚期骨和软组织肉瘤、局部晚期前列腺癌、颅底和颈椎脊索瘤、软骨肉瘤、局部晚期肝癌、胰腺癌、直肠癌术后盆腔复发等。

另外，由于复杂 DNA 损伤更具诱变性，因而对青年（尤其是儿童）以及生存期较长的肿瘤病人，碳离子治疗的诱变致癌风险可能增高，目前关于重离子治疗后发生第二肿瘤风险的资料正在逐步积累，所以碳离子不能像质子那样常规地用于儿童病人。

第三节　肿瘤放射生物学未来展望

放射生物学一直在肿瘤放射治疗的发展过程中起指导作用。但是，许多重要的放射生物学的理论都是在 20 世纪 50—80 年代产生的，后面几十年放射生物学只是发展和充实原有的理论内容，而没有产生新的理论突破。回顾历史会发现，往往先有科学技术和实践的突破，然后才有理论的发展，再反过来指导科学技术的进一步发展。19—20 世纪初放射物理学的产生和发展，导致了后来的放射生物学的产生和发展。近二十几年来放射物理技术和生物药物技术的大发展，产生了很多新的放疗技术：IMRT、影像引导下放射治疗（IGRT）、SBRT、SRS、质子和重离子放疗等，产生了很多新的药物（特别是分子靶向药物）。这些技术和药物在医学临床实践上取得了令人瞩目的疗效，但是，如果用现有的放射生物学理论来阐释这些临床疗效和治疗技术，有许多问题是解释不了的。因此，放射生物学有了

笔记

进一步发展的动力和需求。

目前，放射生物学在以下三方面有进一步发展的前景：①在原来理论的基础上需要进一步发展与突破；②对肿瘤病灶内成分需要探明和区分，特别是对肿瘤干细胞和肿瘤微环境的研究，要研究肿瘤靶区内具有不同放射敏感性细胞成分，制订出以具有生物特性的肿瘤靶区为目标的精准放疗方案；③在基因水平上，寻找分子靶向药物与放射治疗的个体化联合治疗方案。

一、放射生物学理论发展

在本书的各个章节都阐释了放射生物学经典理论的局限和未来发展的方向，“4R”概念现在加入了放射敏感性这个“R”发展成“5R”概念；LQ 公式的进一步完善，能够对目前新的放疗技术和治疗方案进行解释和临床应用。放射保护剂和放射增敏剂的进一步研制和发展。这里就不再论述。

二、生物特性的肿瘤靶区

各种影像学方法在肿瘤诊治疗过程中均发挥着重要作用。X 线、CT、常规 MRI 等主要反映解剖形态变化，属解剖学影像范畴，而单光子发射计算机断层成像（single photon emission computed tomography，SPECT）、正电子发射断层成像（positron emission tomography，PET）、磁共振波谱（magnetic resonance spectroscopy，MRS）等可以提供组织和细胞的代谢、增殖、乏氧状态乃至基因表型的影像，属功能影像或生物学影像范畴，为更全面地了解肿瘤和正常组织的功能状态提供了更好的手段。

靶区确定是放疗的关键步骤之一。功能影像能够确定靶区内癌细胞分布以及靶区内不同区域放疗敏感性的差异，从而对靶区的确定有了新的认识。功能影像的快速发展，直接导致了生物靶区（biological target volume，BTV）及生物适形调强放疗（biological intensity-modulated radiation therapy，BIMRT）等概念的产生。

生物靶区指由一系列肿瘤生物学因素决定的靶区内放射敏感性不同的区域，这些因素包括乏氧、血供、增殖、凋亡、细胞周期调控、癌基因和抑癌基因改变、浸润及转移特性等。它既包括肿瘤区内的敏感性差异，也应考虑正常组织的敏感性差异，而且均可通过分子影像学技术进行显示。BIMRT 则是指利用先进的物理 IMRT 技术，给予不同的生物靶区不同剂量的照射并最大限度地保护敏感组织。

（一）肿瘤代谢显像

目前应用最广泛的生物影像技术是 PET，它可以通过不同的核素示踪剂显示肿瘤细胞的生物标志物在葡萄糖代谢、氨基酸转运、蛋白质合成、DNA 合成、细胞增殖、受体表达、凋亡诱导和细胞乏氧等微环境方面的变化，用以了解肿瘤细胞的生物标志物特性、细胞活性和生存环境，对肿瘤诊断、分期、再评价、生物异质性和优化放疗计划提供关键信息。临床研究和 Meta 分析显示，PET 生物影像在肺癌、食管癌、淋巴瘤和头颈部等肿瘤，较传统的 CT 和 MRI 等影像学检查有更多优势。

^{18}F-FDG 是目前临床应用最广泛的正电子显像剂，它是葡萄糖结构的类似物，通过细胞膜上的转运蛋白进入细胞内，经己糖激酶催化生成 6-磷酸-FDG，此产物滞留细胞内，但并不参与进一步代谢，可以反映体内葡萄糖的利用状况。绝大多数恶性肿瘤具有高代谢的特点。因此，^{18}F-FDG 可用于恶性肿瘤的诊断并了解其累及范围。此外，^{11}C-MET（蛋氨酸）是目前用于肿瘤 PET 最多的氨基酸类显像剂之一，相比于正常脑组织，能更多地被肿瘤细胞摄取，所以可清晰勾画肿瘤轮廓，对于颅内单发病变（胶质瘤）有优势，已广泛应用于胶质瘤的诊断、分级、边界评估、穿刺靶点选择、手术及放疗计划、复发与放射性坏死的鉴别等。利用 ^{11}C-MET PET 与 CT 融合指导脑瘤的立体定向放疗，图像自动融合精度达到（2.4±0.5）mm。同时 ^{11}C-MET PET 可更清晰地显示术后残存的肿瘤以及对海绵窦等特殊结构的侵犯，从而有利于更精确地确定放疗靶区。

国内外临床研究均证明了 PET 生物影像可以更准确确定照射靶区，达到增加靶区照射剂量、提高局部控制率、减少正常组织放射损伤的目的。咽喉鳞癌术后标本与 CT、MRI 和 PET 检测的 GTV 对比发现，没有哪种手段勾画的 GTV 与肿瘤完全一致，但 PET 做出的 GTV 最接近于病理学 GTV，而以 CT 和 MRI 分别做出的 GTV 平均超过肿瘤真实体积的 40% 和 47%。73 例非小细胞肺癌病人术前检查 PET/CT 和 CT，对于纵隔淋巴结转移，两者与手术一致性分别是 89% 和 75%。另外 101 例 Ⅰ ~ Ⅲ 期 NSCLC 病人通过 PET/CT 融合图像勾画靶区，GTV 缩小者 21 例，其中 7 例缩小 ≥25%；增大者 24 例，

笔记

其中14例增大≥25%。同时靶区的变化改变了37例病人的全肺V20。

（二）肿瘤乏氧显像

肿瘤乏氧一直是放射生物学家研究的热点，利用简便、准确的方法确定活体肿瘤的乏氧状态，既能有效地解决乏氧细胞放射抵抗问题，又能根据肿瘤乏氧状态勾画BTV，从而进一步提高放疗疗效。已经进行的研究用到的乏氧显像剂可分为硝基咪唑类（MISO）和非硝基咪唑类化合物。MISO是最常用的乏氧显像剂之一，该类物质能与乏氧细胞特异性结合，可以反映肿瘤乏氧区域分布情况。常见的MISO显像剂包括^{18}FMISO、^{18}FETNIM等多种化合物及其衍生物。非硝基咪唑类主要包括酮肟（AO）类化合物和Cu标记的二硫半卡巴肼（BTS）衍生物。酮肟（AO）类化合物，以^{99m}Tc-HL91的研究最引人注目，研究提示^{99m}Tc-HL91显像确定肺癌病人的乏氧状态和放疗过程中的改变，可于放疗前预测肿瘤变化和生存期。Cu标记的BTS衍生物，主要包括^{62}Cu-PTSM和^{62}Cu-ATSM等，该类化合物具有较高细胞摄取量和更快的正常氧合组织清除率，从而可以提供更高质量PET图像。进一步研究显示，该类物质乏氧显像指导IMRT可使乏氧组织的受照剂量增加而较少影响正常组织。有学者用^{62}Cu-ATSM进行PET乏氧显像，并与CT图像融合后勾画靶区，将^{62}Cu-ATSM摄取高于正常组织2倍定义为乏氧肿瘤区，以此制订IMRT计划，结果乏氧肿瘤区剂量达到80Gy/35次，肉眼靶区同时接受70Gy/35次，临床靶区剂量为60Gy，达到了较满意的疗效，初步证明^{62}Cu-ATSM显像指导IMRT的可行性。

（三）展望

BTV在IMRT中的应用前景非常广阔，使肿瘤照射更加精确，假如通过BIMRT，可以使乏氧细胞等肿瘤内部放射抵抗性高的部位得到高剂量照射，而放射敏感区域接受常规或更低剂量照射，或是放射抵抗区域实行图像引导的立体定向放疗或大分割照射，将使局部控制率大幅度提高。当然，现在在临床上应用BTV还非常有限，但我们有理由相信，随着功能影像学的发展，其在放疗中的应用将会越来越广泛，它是肿瘤放疗的未来方向。

三、分子靶向的个体化多学科联合治疗

放疗是通过物理的手段，采用放射线杀伤肿瘤细胞。其机制是辐射后造成细胞DNA的损伤，导致细胞死亡（凋亡和有丝分裂死亡）。在此过程中，涉及一系列复杂的已知和未知的细胞生物学和分子生物学机制，由电离辐射所致的DNA的损伤以及对细胞膜、细胞质内生物分子的影响而诱发一系列的细胞生命活动的变化，诸如细胞周期动力学的改变和细胞周期分布的变化，细胞增殖的变化，DNA损伤的修复等。对于上述变化的分子生物学基础和机制的研究，既是放射生物学研究的内容，又是肿瘤分子生物学研究的重要方法。放射生物学提出DNA损伤和修复的概念，分子生物学借助放射生物学的手段研究DNA损伤、修复过程中的信号传导系统以及相关的酶和基因。细胞周期动力学的研究和相关分子生物学的研究均与放射生物学的研究有密切的关系。基于上述已知的放射生物学机制和分子靶向治疗的理论基础，分子靶向治疗与放疗存在相互的作用，可以针对个体化进行研究并为多学科联合治疗提供条件。目前，发现表皮生长因子受体及PD-1/PD-L1两个位点与放射治疗有密切的关系。

（一）放射联合表皮生长因子受体阻滞剂

表皮生长因子（EGF）参与上皮细胞的正常发育和分化，同时也参与上皮细胞的癌变过程。在肿瘤细胞中，EGFR的过度表达与肿瘤细胞的无限增殖、停泊非依赖性生长以及自分泌生长调节有关。研究显示多种肿瘤具有EGFR的过度表达，包括头颈部肿瘤、乳腺癌、脑胶质瘤、胰腺癌、肺癌等。

从放射反应角度来看，EGFR的过度表达与放射抵抗有关。EGFR可以由放射激活，这使得它本身以及与它类似的具有酪氨酸激酶活性的其他家族成员成为放射增敏的靶分子。放射诱导的EGFR激活后，导致细胞产生保护性信号，主要包括分裂原激活蛋白激酶（MAPK）和磷脂酰肌醇-3-激酶（PI3K）以及介导增殖、生物合成和抗凋亡反应的胞浆激酶。EGFR的放射激活和MAPK/PI3K存在的关联关系，是放射诱导细胞加速增殖的机制。因此，破坏EGFR酪氨酸激酶活性应该可以降低肿瘤细胞的增殖潜能和增加肿瘤细胞的放射敏感性。

笔记

EGFR与放射的协同作用表现在以下几个方面：①对细胞周期动力学的影响。放射与EGFR联合

应用能够阻止细胞进入 S 期，减少 S 期细胞比例，使细胞聚集在 G_1、G_2 期。②增加放射诱导的细胞凋亡。③抑制放射诱导的 EGFR 磷酸化。④抑制放射损伤的修复。离体与在体研究均显示 EGFR 具有放射增敏作用。

（二）放射联合 PD-1/PD-L1

PD-1 是表达在 T 细胞表面的一种重要的免疫抑制跨膜蛋白。PD-1 主要限制慢性炎症、感染或癌症中的 T 细胞活性。PD-1 有两个配体，即 PD-L1 和 PD-L2。在肿瘤的微环境中，肿瘤细胞能够表达 PD-L1 或者 PD-L2。癌细胞逃避免疫系统摧毁的一种方法，是通过配体连接到 T 细胞的 PD-1 蛋白上。当配体与 PD-1 连接以后，T 细胞就不能够发现肿瘤和向免疫系统发出攻击肿瘤的信号。PD-1 药物治疗癌症在于给予肿瘤病人针对 PD-1 或 PD-L1 的抗体蛋白质，将使两种蛋白质不会连接，维持 T 细胞攻击肿瘤细胞的功能。

有研究显示放疗可以诱导肿瘤局部浸润性淋巴细胞（TIL）密度增加，PD-L1 表达上调，导致肿瘤细胞免疫逃逸或抑制抗肿瘤的疗效；而 PD-L1 抑制剂联合放疗可增加对肿瘤细胞杀伤力，推测 PD-L1 表达者对放射线敏感。目前认为 PD-L1 影响肿瘤放疗敏感性可能机制有以下几方面：①PD-L1 可诱导 JAK 磷酸化上调细胞周期蛋白 D1（Cyclin D1），Cyclin D1 正向调控 G_1 向 S 期转化，增加增殖期细胞从而增加放疗敏感性。②放射线作用于肿瘤时，局部瘤体内会产生炎症反应增加细胞因子 IL-6 分泌，诱导 STAT3 磷酸化上调 PD-L1 表达。③STAT3 可调控血管内皮生长因子（VEGF）表达和促进 VEGF 分泌到细胞外发挥作用，VEGF 表达和分泌增加可促进肿瘤局部血管生成，增加局部血流量以增加肿瘤局部含氧量，增加放射线对肿瘤细胞的杀伤。

综合治疗是肿瘤治疗的基本原则，分子靶向治疗为放疗、化疗之外提供了新的选择。分子靶向药物治疗肿瘤尚有未知的作用机制，仍然需要大量的实验和临床数据进行分析和验证，所以如何在恰当的时机选择合适的治疗方案，需要多学科精密合作，以确定最佳的治疗方案。

本章小结

1. RIC 发生在曾接受照射的区域，在照射前组织病理学和/或临床影像学均无肉瘤的证据，应尽可能排除与放疗无关诱因所导致的自发性肉瘤。RIC 必须有组织病理学的证实，明确有与原治疗肿瘤不同的病理诊断。RIC 发生于 5%等剂量线范围以内。一般潜伏期较长（10~20 年），但亦有<2 年的。

2. 高 LET 射线氧增强比小，放射敏感性对细胞中含氧程度依赖性小，以直接作用的方式作用于生物大分子，氧浓度依赖小，氧增强比小，细胞周期对敏感性影响小，特别是 G_0 期细胞对射线的抵抗性较小，所以高 LET 射线可以有效地克服放疗中乏氧细胞和 G_0 期细胞对放射不敏感。

3. 质子的生物效应略高于光子，若以光子的生物效应为 1.00，则质子平坦区的 RBE 一般简化为 1.10，质子杀灭肿瘤仍较强地依赖于氧效应，OER 一般为 2.5~3.0。碳离子在 Bragg 峰区具有明显更高的 RBE，碳离子束 OER 较小，对乏氧细胞的再氧合依赖性减弱，更好地杀灭乏氧细胞，不受细胞周期影响。

4. 生物靶区是由一系列肿瘤生物学因素决定的靶区内放射敏感性不同的区域，这些因素包括：乏氧及血供，增殖、凋亡及细胞周期调控，癌基因和抑癌基因改变，浸润及转移特性等。

（曲宝林　姚原）

扫一扫，测一测

思考题

1. 简述 RIC 的诊断标准。
2. 简述高 LET 射线的生物学特点。
3. 简述质子与光子的生物学特征的区别。

笔记

中英文名词对照索引

参考文献

[1] 李晔雄. 肿瘤放射治疗学[M]. 5 版. 北京:中国协和医科大学出版社,2018.
[2] 徐向英,曲雅勤. 肿瘤放射治疗学[M]. 3 版. 北京:人民卫生出版社,2017.
[3] 申文江,朱广迎. 放射治疗常规[M]. 2 版. 北京:人民卫生出版社,2017.
[4] 沈瑜,糜福顺. 肿瘤放射生物学[M]. 北京:中国医药科技出版社,2001.
[5] 刘树铮. 医学放射生物学[M]. 3 版. 北京:原子能出版社,2006.
[6] 唐启信. 临床放射生物学[M]. 北京:人民卫生出版社,2002.
[7] 姚原. 放射治疗技术[M]. 3 版. 北京:人民卫生出版社,2014.
[8] 全国卫生专业技术资格考试专家委员会编写. 2018 肿瘤放射治疗技术[M]. 北京:人民卫生出版社,2018.
[9] 王瑞芝. 放射治疗技术[M]. 北京:人民卫生出版社,2002.
[10] 郝希山. 肿瘤学[M]. 北京:人民卫生出版社,2011.
[11] 马林,王连元,周桂霞. Tomo Therapy 肿瘤断层放射治疗[M]. 成都:四川科学技术出版社,2010.
[12] 朱广迎. 放射肿瘤学[M]. 北京:科学技术文献出版社,2012.
[13] HALL E J,GIACCIA A J. 放射生物学:放射与放疗学者读本[M]. 7 版. 卢铀,刘青杰主译. 北京:科学出版社,2015.
[14] NIEDER C,LANGENDIJK J A. 肿瘤再程放疗[M]. 许亚萍,郑向鹏主译. 北京:人民军医出版社,2012.
[15] HALPERIN E C,PEREZ C A,BRADY L W,etc. 放射肿瘤学原理和实践[M]. 5 版. 朱广迎,李晔雄,夏廷毅等主译. 天津:天津科技翻译出版公司,2012.
[16] BORTFELD T,SCHMIDT-ULLRICH R,DE NEVE W,etc. Image-Guided IMRT[M]. Berlin,Heidelberg:Springer-Verlag,2006.
[17] JOINER M,VAN DER KOGEL A. 临床放射生物学基础[M]. 王中敏主译. 北京:军事医学科学出版社,2010.